高职高专“十三五”建筑及工程管理类专业系列规划教材

工程测量实训指导

Construction Project

主　编　闫玉厚
副主编　许建洪

西安交通大学出版社
XI'AN JIAOTONG UNIVERSITY PRESS

内 容 提 要

全书共三部分，第一部分主要是各种仪器的构造、功能及使用，用于不同仪器的基本技能训练；第二部分主要是各种仪器在测图和工程上的应用，用于解决生产中的实际问题；第三部分是综合实习，主要是各种仪器联合测图、放样和成图实习，通过不同仪器在测图过程中的配合，掌握测图和测设的程序。

本书具有较强独立性、实用性、操作性的特点，可作为高职院校土木工程、工程管理、交通工程、给排水工程等各专业学生的教学用书，也可作为土建类各专业有关工程技术人员的参考用书。

前言

测量学是一门实践性很强的专业基础课，随着科学技术的飞速发展，它的应用领域越来越广泛，而且不断向着数字化、信息化方向迈进。根据测量学操作性强的显著特点，结合高校由理论型向应用型转变的发展趋势，在课堂教学的同时，为了使学生加深对理论知识的理解，提高学生的操作技能，培养学生发现问题和解决问题的能力，加强实践教学环节显得尤为重要。

本书在编写中，坚持实践性和可操作性并举的理念，结合各专业对实训教学的需要和测量基本技能的培养要求，调整传统仪器和新型仪器的比重，以传统仪器为基础，以新型仪器为发展方向，删减了可用新型仪器替代的传统实验，增加了新仪器、新技术及软件的应用，使其更具操作性和实用性。全书共分三部分，精选了 23 个实训项目和 1 个综合实习部分，在使用过程中可根据不同学科侧重点的不同，各学校实验课时数、仪器设备条件的不同，选择需要的实验项目进行实验。第一部分主要是各种仪器的构造、功能及使用，用于不同仪器的基本技能训练；第二部分主要是各种仪器在测图和工程上的应用，用于解决生产中的实际问题；第三部分是综合实习，主要是各种仪器联合测图、放样和成图实习，通过不同仪器在测图过程中的配合，掌握测图和测设的程序。

本书编写时，根据实验的需要，写出了较详细的操作方法，可以配合不同的教材使用，也可单独使用，并在实验项目后面配置了相应的记录、计算表以及实验需明确的问题，可直接填写，使实验更统一、更规范。

本书由商洛学院闫玉厚主编，重庆财经职业学院许建洪担任副主编，重庆财经职业学院杨小川参与编写，并由闫玉厚最后统稿和审定。

由于作者水平有限，书中难免存在不足与错误，恳请专家和读者批评指正。

编者

2015 年 4 月

前言

目录

目录

实验课的一般要求

一、上课须知

1. 准备工作

(1)上课前应阅读任务书中相应的部分,明确实验的内容和要求。

(2)根据实验内容阅读教材中的有关章节,弄清基本概念和方法,使实验能顺利完成。

(3)按任务书中的要求,于上课前准备好必备的工具,如铅笔、小刀等。

2. 要求

(1)遵守课堂纪律,注意聆听指导教师的讲解。

(2)实验中的具体操作应按任务书的规定进行,如遇问题要及时向指导教师提出。

(3)实验中出现的仪器故障必须及时向指导教师报告,不可随意自行处理。

二、仪器及工具借用办法

(1)每次实验所需仪器及工具以小组为单位于上课前凭学生证到测量实验室借领。

(2)借领时,各组依次由 1～2 人进入室内,在指定地点清点、检查仪器和工具,然后在借用册上登记,填写仪器名称、数量、班级、组号及日期等信息。借领人签名后方可将仪器带出实验室。

(3)实习过程中,各组应妥善保护仪器、工具。各组间不得任意调换仪器、工具。若有损坏或遗失,视情节照章处理。

(4)实习完毕后,应将所借用的仪器、工具上的泥土清扫干净再交还实验室,由管理人员检查验收 。

三、测量仪器、工具的正确使用和维护

1. 领取仪器时必须检查

(1)仪器箱盖是否关妥、锁好。

(2)背带、提手是否牢固。

(3)脚架与仪器是否相配,脚架各部分是否完好,脚架腿伸缩处的连接螺旋是否滑丝。要防止因脚架未架牢而摔坏仪器,或因脚架不稳而影响作业。

2. 打开仪器箱时的注意事项

(1)仪器箱应平放在地面上或其他台子上才能开箱,不要托在手上或抱在怀里开箱,以免将仪器摔坏。

(2)开箱后未取出仪器前,要注意仪器安放的位置与方向,以免用毕装箱时因安放位置不正确而损坏仪器。

3. 自箱内取出仪器时的注意事项

(1)不论何种仪器,在取出前一定要先放松制动螺旋,以免取出仪器时因强行扭转而损坏

制动、微动装置，甚至损坏轴系。

(2)自箱内取出仪器时，应一手握住照准部支架，另一手扶住基座部分，轻拿轻放，不要一只手抓仪器。

(3)自箱内取出仪器后，要随即将仪器箱盖好，以免沙土、杂草等进入箱内。还要防止搬动仪器时丢失附件。

(4)取仪器和使用过程中，要注意避免触摸仪器的目镜、物镜，以免污损，影响成像质量。不允许用手指或手帕等物擦拭仪器的目镜、物镜等光学部分。

4. 架设仪器时的注意事项

(1)伸缩式脚架三条腿抽出后，要把固定螺旋拧紧，但不可用力过猛而造成螺旋滑丝。要防止因螺旋未拧紧而使脚架自行收缩而摔坏仪器。三条腿拉出的长度要适中。

(2)架设脚架时，三条腿分开的跨度要适中；并拢太紧容易被碰倒，分得太开容易滑开，都会造成事故。若在斜坡上架设仪器，应使两条腿在坡下(可稍放长)，一条腿在坡上(可稍缩短)。若在光滑地面上架设仪器，要采取安全措施(例如用细绳将脚架三条腿连接起来)，防止脚架滑动摔坏仪器。

(3)在脚架安放稳妥并将仪器放到脚架上后，应一手握住仪器，另一手立即旋紧仪器和脚架间的中心连接螺旋，避免仪器从脚架上掉下来摔坏。

(4)仪器箱多为薄型材料制成，不能承重，因此，严禁踩、坐在仪器箱上。

5. 仪器使用过程中的注意事项

(1)在阳光下观测必须撑伞，防止仪器被日晒和雨淋(包括仪器箱)。雨天应禁止观测。对于电子测量仪器，在任何情况下均应撑伞防护。

(2)任何时候仪器旁必须有人守护。禁止无关人员拨弄仪器，注意防止行人、车辆碰撞仪器。

(3)如遇目镜、物镜外表面蒙上水汽而影响观测(在冬季较常见)，应稍等一会或用纸片扇风使水汽散发。如镜头上有灰尘应使用仪器箱中的软毛刷拂去。严禁用手帕或其他纸张擦拭，以免擦伤镜面。观测结束应及时套上物镜盖。

(4)操作仪器时，用力要均匀，动作要准确、轻捷。制动螺旋不宜拧得过紧，微动螺旋和脚螺旋宜使用中段螺纹，用力过大或动作太猛都会造成对仪器的损伤。

(5)转动仪器时，应先松开制动螺旋，然后平稳转动。使用微动螺旋时，应先旋紧制动螺旋。

6. 仪器迁站时的注意事项

(1)在远距离迁站或通过行走不便的地区时，必须将仪器装箱后再迁站。

(2)在近距离且平坦地区迁站时，可将仪器连同三脚架一起搬迁。首先检查连接螺旋是否旋紧，松开各制动螺旋，再将三脚架腿收拢，然后一手托住仪器的支架或基座，一手抱住脚架，稳步行走。搬迁时切勿跑动，防止摔坏仪器。严禁将仪器横扛在肩上搬迁。

(3) 迁站时，要清点所有的仪器和工具，防止丢失。

7. 仪器装箱时的注意事项

(1)仪器使用完毕，应及时盖上物镜盖，清除仪器表面的灰尘和仪器箱、脚架上的泥土。

(2)仪器装箱前，要先松开各制动螺旋，将脚螺旋调至中段并使其大致等高。然后一手握住支架或基座，另一手将中心连接螺旋旋开，双手将仪器从脚架上取下放入仪器箱内。

(3)仪器装入箱内要试盖一下,若箱盖不能合上,说明仪器未正确放置,应重新放置,严禁强压箱盖,以免损坏仪器。在确认安放正确后再将各制动螺旋略为旋紧,防止仪器在箱内自由转动而损坏某些部件。

(4)清点箱内附件,若无缺失则将箱盖盖上,扣好搭扣,上锁。

8. 测量工具的使用

(1)使用钢尺时,应防止扭曲、打结,防止行人踩踏或车辆碾压,以免折断钢尺。携尺前进时,不得沿地面拖拽,以免钢尺尺面刻划磨损。使用完毕,应将钢尺擦净并涂油防锈。

(2)使用皮尺时应避免沾水,若受水浸,应晾干后再卷入皮尺盒内。收卷皮尺时,切忌扭转卷入。

(3)水准尺和花杆,应注意防止受横向压力,不得将水准尺和花杆斜靠在墙上、树上或电线杆上,以防倒下摔断,也不允许在地面上拖拽或用花杆作标枪投掷。

(4)小件工具如垂球、尺垫等,应用完即收,防止遗失。

四、测量资料的记录要求

(1)观测记录必须直接填写在规定的表格内,不得用其他纸张记录再行转抄。

(2)凡记录表格上规定填写的项目应填写齐全。

(3)所有记录与计算均用铅笔(2H 或 3H)记载。字体应端正清晰,字高应稍大于格子的一半。一旦记录中出现错误,可在留出的空隙处对错误的数字进行更正。

(4)观测者读数后,记录者应立即回报读数,经确认后再记录,以防听错、记错。

(5)禁止擦拭、涂改与挖补。发现错误应在错误处用横线划去,将正确数字写在原数上方,不得使原字模糊不清。所有记录的修改,均应在备注栏内注明原因(如测错、记错或超限等)。

(6)禁止连环更改,若已修改了平均数,则不准再对计算得此平均数之任何一原始数进行修改。若已改正一个原始读数,则不准再改其平均数。假如两个读数均错误,则应重新测量并记录。

(7)读数和记录数据的位数应齐全。如在普通测量中,水准尺读数 0325、度盘读数 4°03′06″,其中的“0”均不能省略。

(8)数据计算时,应根据所取的位数,按“4 舍 6 入,5 前单进双不进”的规则进行凑整。如 1.3144、1.3136、1.3145、1.3135 等数,若取三位小数,则均记为 1.314。

(9)每测站观测结束,应在现场完成计算和检核,确认合格后方可迁站。实验结束,应按规定每人或每组提交一份记录手簿或实验报告。

第一部分

测量学基础实训部分

实训一　水准仪的认识与使用

一、目的

(1)了解水准仪的构造、组成、名称及作用。

(2)熟悉水准仪的安置步骤。

(3)掌握各水准仪配合水准尺测定高差时的操作、读数、计算方法。

二、内容

(1)反复练习水准仪的安置,熟悉各部件的作用及使用方法。

(2)学会使用圆水准器初步整平仪器。

(3)学会瞄准目标、调焦、消除视差、用十字丝中丝在水准尺上读数。

(4)测定两点间的高差。

三、器械

水准仪 1 套,板尺或塔尺 1 对,尺垫 1 对,记录表 2 张,记录夹 1 个,铅笔自备。

四、方法与步骤

1.**仪器安置**

打开三脚架,松开紧固螺丝,架腿不分开,使架高升高到与观测者肩同高,拧紧紧固螺丝,分开三脚架,目测架头水平,用连接螺旋将水准仪固定在三脚架上。

2.**粗略整平**

由于脚螺旋上下升降高度有限,根据经验可先将左侧两脚腿在地面踩实,右手握右侧脚腿前后、左右移动,使圆水准器气泡基本居中,再用脚螺旋调节使圆水准器气泡居中。具体操作步骤如下:

(1)如图 1-1(a)所示,用两手按箭头所指的相对方向转动脚螺旋 1 和 2,使气泡沿着 1、2 连线方向由 a 移至 b。

(2)如图 1-1(b)所示,用左手按箭头所指方向转动脚螺旋 3,使气泡由 b 移至中心。此时不可再动 1、2 两螺旋中的任意一个。

整平时,气泡移动的方向与左手大拇指旋转脚螺旋时的移动方向一致,与右手大拇指旋转脚螺旋时的移动方向相反。

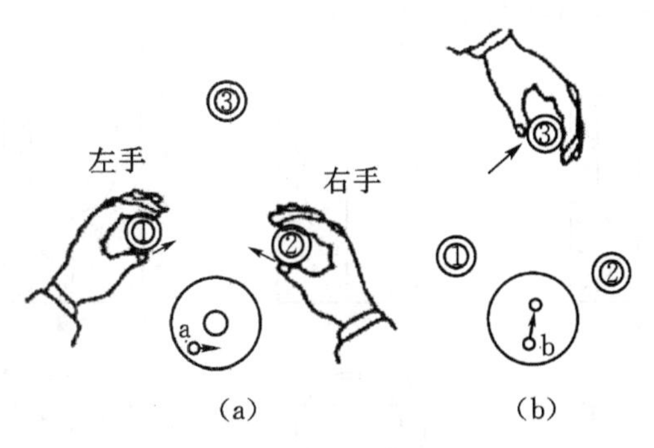

图 1-1 圆水准器整平

3. **瞄准和调焦**

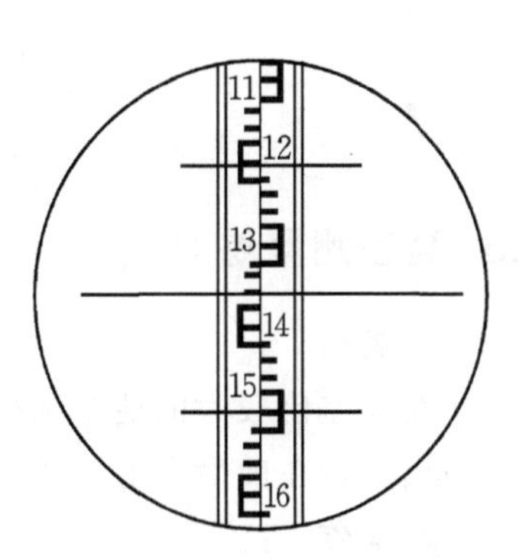

图 1-2 精确瞄准与读数

(1)目镜调焦。松开制动螺旋,将望远镜转向明亮的背景,转动目镜对光螺旋,使十字丝成像清晰。

(2)初步瞄准。通过望远镜筒上方的照门和准星瞄准水准尺,旋紧制动螺旋。

(3)物镜调焦。转动物镜对光螺旋,使水准尺的成像清晰。

(4)精确瞄准。转动微动螺旋,使十字丝的竖丝瞄准水准尺边缘或中央,如图 1-2 所示。

(5)消除视差。眼睛在目镜端上下移动,有时可看见十字丝的中丝与水准尺影像之间相对移动,这种现象叫视差。产生视差的原因是水准尺的尺像与十字丝平面不重合,如图 1-3(a)所示。视差的存在将影响读数的正确性,应予消除。消除视差的方法是仔细地转动物镜与目镜对光螺旋,直至尺像与十字丝平面重合,如图1-3(b)所示。

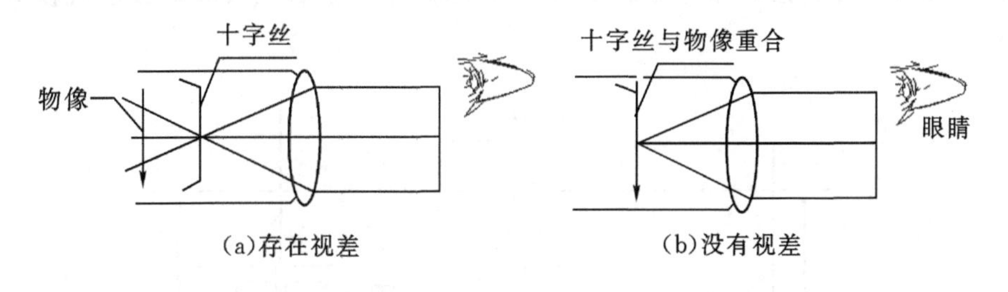

图 1-3 视差现象

4. **精确整平**

精确整平简称精平。眼睛观察目镜左侧气泡观察窗内的气泡影像,用右手缓慢地转动微倾螺旋,使气泡两端的影像严密吻合,此时视线即为水平视线。微倾螺旋的转动方向与左侧半气泡影像的移动方向一致,如图 1-4 所示。

5. **读数**

符合水准器气泡居中后,应立即用十字丝中丝在水准尺上读数。读数时应从小数向大数读,如果从望远镜中看到的水准尺影像是倒像,在尺上应从上到下读取。直接读取米、分米和厘米,并估读出毫米,共四位数字。如图 1-2 所示,读数是 1.336m。读数后再检查符合水准器气泡是否居中，若不居中，应再次精平，重新读数。

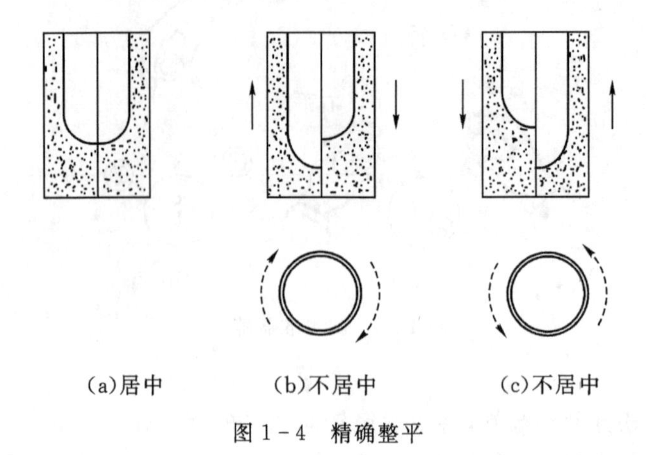

图 1-4　精确整平

五、高差测量练习

1. 观测

在落差比较大的地方选择前后视立尺点，各立一水准尺，在两立尺点中间安置水准仪，分别读出中丝在前后尺上读数，记录并计算两点间的高差。

2. 操作

两立尺点不动将水准仪抬高或降低 5～10cm，再测两点间的高差，两次测得两点间的高差之差不应大于 5mm。

3. 高差计算

设水准测量是由 A 向 B 进行的，则 A 点为后视点，A 点尺上的读数 a 称为后视读数；B 点为前视点，B 点尺上的读数 b 称为前视读数。因此，高差等于后视读数减去前视读数。如图 1-5所示。

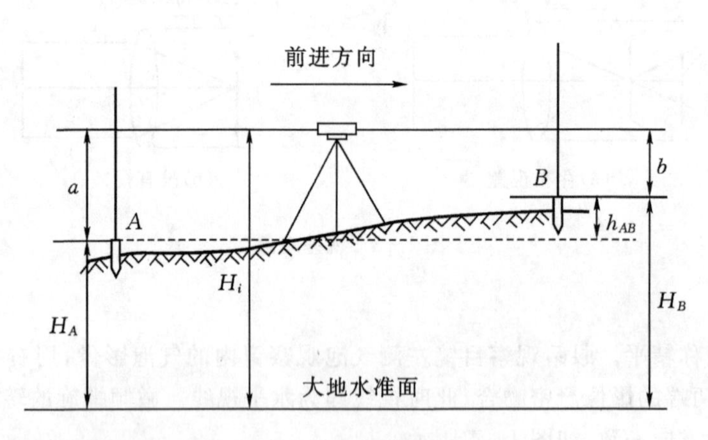

图 1-5　水准测量原理

因此，A、B 两点间高差 h_{AB} 为：

$$h_{AB}=a-b$$

4. 计算未知点高程

(1)高差法。

测得 A、B 两点间高差 h_{AB} 后，如果已知 A 点的高程 H_A，则 B 点的高程 H_B 为：

$$H_B = H_A + h_{AB}$$

这种直接利用高差计算未知点 B 高程的方法，称为高差法。

(2)视线高法。

如图 1－5 所示，B 点高程也可以通过水准仪的视线高程 H_i 来计算，即

$$\begin{cases} H_i = H_A + a \\ H_B = H_i - b \end{cases}$$

这种利用仪器视线高程 H_i 计算未知点 B 点高程的方法，称为视线高法。在施工测量中，有时安置一次仪器，需测定多个地面点的高程，采用视线高法就比较方便。

六、范例

水准仪认识观测示例表如表 1－1 所示。

表 1－1　水准仪认识观测记录表

安置仪器次数	测点	水准尺读数(m)		高差(m)		高程(m)	备注
		后视读数	前视读数	＋	－		
1	A	1.453		0.580			
	B		0.873				
2	A	1.464		0.582			
	B		0.882				
3	A	1.445		0.580			
	B		0.865				

七、注意事项

(1)每次读数前，均应消除视差和精平。

(2)微动螺旋和微倾螺旋转动要均匀，不能过猛或到达极限。

(3)水准尺要立竖直，不能倾斜，特别是前后倾斜。

(4)观测中任何人不得接触脚架。

八、作业及报告

(1)每人提交水准仪认识观测记录表一份。

(2)每人提交水准仪认识与操作实训报告一份。

实训一　水准仪认识观测记录表

仪器号：　　　　天气：　　　　观测者：

日　期：　　　　呈像：　　　　记录者：

安置仪器次数	测点	水准尺读数(m)		高差(m)		高程(m)	备注
		后视读数	前视读数	+	−		

实训一　水准仪认识与操作实训报告

班级：　　　　组别：　　　　姓名：　　　　日期：

使用仪器与工具		成绩	
实训目的			

水准仪的主要功能是什么，是靠哪些部件实现的？
水准仪使用需要哪些操作步骤？按操作先后次序回答。
什么是视差？产生的原因是什么？如何消除？
微倾水准仪每次读数都必须精平，为什么？
精度分析：实验结果是否达到精度要求？分析其原因？
实训总结：

实训二　普通水准测量

一、目的

(1)熟悉水准路线的布设形式。

(2)掌握水准路线测量的观测、记录、计算和校核。

二、内容(以闭合水准路线为例)

(1)一般选择闭合水准路线测量(因自身具有校核条件)。在具有已知点的条件下可选用附合水准路线测量。

(2)在观测精度符合要求时,根据观测结果进行水准路线高差闭合差调整和高程计算。

三、器械(每组)

水准仪(DS3 或自动安平)1 套,板尺或塔尺 1 对,尺垫 1 对,记录夹 1 个。

四、方法与步骤

(1)选定水准路线。图 2-1 为一闭合水准路线从 BM_A点起,沿 1、2、3、4 又回到 BM_A点,形成一闭合路线。(BM_A点的高程可为已知或假定)在实习场地选择水准路线,确定观测方向。

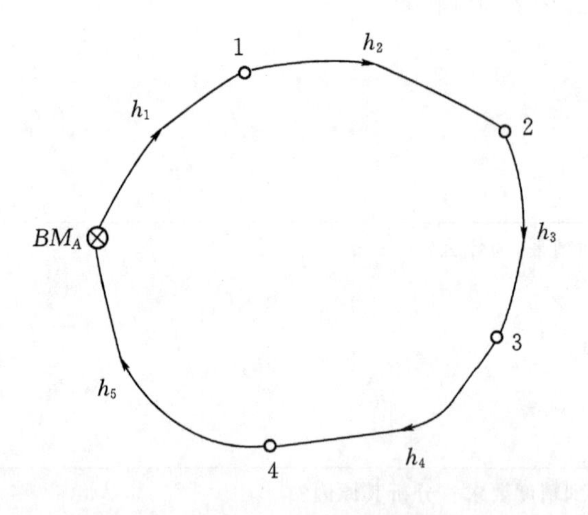

图 2-1　闭合水准路线

(2)从 BM_A点出发,分别测出各点之间的高差 h_1、h_2、h_3、h_4、h_5。具体操作步骤如下:当已知水准点与待测高程点的距离较远或两点间高差很大,安置一次仪器无法测到两点高差时,就需要把两点间分成若干段,连续安置仪器测出每段高差,然后依次推算高差和高程。

(3)测站操作实例。如图 2-2 所示,水准点 BM_A 的高程为 54.206m,现拟测定 B 点高程,施测步骤如下:

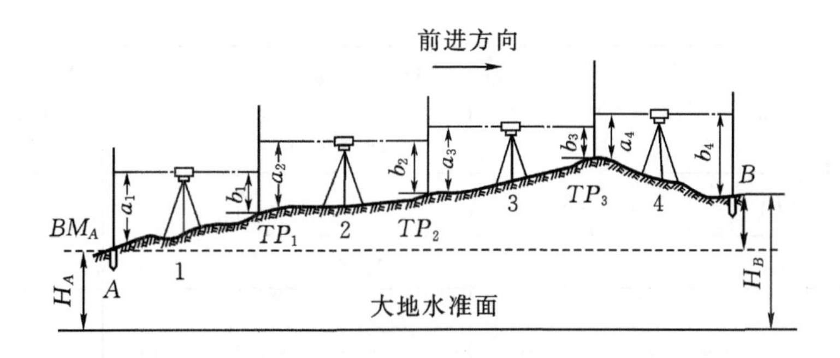

图 2-2 水准测量施测

在离 A 适当距离处选择点 TP_1，安放尺垫，在 A、TP_1 两点上分别竖立水准尺。在距 A 点和 TP_1 点大致等距离 1 处安置水准仪，瞄准后视点 A，精平后读得后视读数 a_1 为 1.364，记入水准测量手簿（见表 2-1）的后视栏。旋转望远镜，瞄准前视点 TP_1，精平后读得前视读数 b_1 为 0.979，记入手簿前视栏。计算出 A、TP_1 两点高差为+0.385。此为一个测站的工作。

点 1 的水准尺不动，将 A 点水准尺，立于点 TP_2 处，水准仪安置在 TP_1、TP_2 点之间 2 处，与上述相同的方法测出 TP_1、TP_2 点的高差，依次测至终点 B。

每一测站可测得前、后视两点间的高差，即

$$h_1 = a_1 - b_1$$
$$h_2 = a_2 - b_2$$
$$\vdots$$
$$h_4 = a_4 - b_4$$

将各式相加，得
$$h_{AB} = \sum h = \sum a - \sum b$$

即 B 点高程为
$$H_B = H_A + \sum h$$

表 2-1 水准测量手簿

日 期： 天 气： 组 别：

仪 器： 观测者： 记录者： 单位(m)

测站	测点	水准尺读数		高差	高程	备注
		后视 a	前视 b			
1	A	1.364		+0.385	54.206	
	TP_1		0.979			
2	TP_1	1.259		+0.547		
	TP_2		0.712			
3	TP_2	1.278		+0.712		
	TP_3		0.566			

续表 2-1

<table>
<tr><td rowspan="2">测站</td><td rowspan="2">测点</td><td colspan="2">水准尺读数</td><td rowspan="2">高差</td><td rowspan="2">高程</td><td rowspan="2">备注</td></tr>
<tr><td>后视 a</td><td>前视 b</td></tr>
<tr><td rowspan="2">4</td><td>TP_3</td><td>0.653</td><td></td><td rowspan="2">−1.211</td><td rowspan="2">54.639</td><td rowspan="2"></td></tr>
<tr><td>B</td><td></td><td>1.864</td></tr>
<tr><td rowspan="2"></td><td></td><td></td><td></td><td rowspan="2">+0.433</td><td rowspan="2"></td><td rowspan="2"></td></tr>
<tr><td>$\sum$</td><td>4.554</td><td>4.121</td></tr>
<tr><td></td><td colspan="6">$h_{AB}=\sum h=\sum a-\sum b$</td></tr>
</table>

由上述可知，在观测过程中，TP_1、TP_2……是临时的立尺点，作为传递高程的过渡点，称为转点。它们仅起传递高程的作用，无固定标志，无需计算高程。

五、技术指标

1. 限差

限差是《工程测量规范》(GB50026—2007)规定的高差闭合差的允许值，用 $f_{h允}$ 表示。

等外水准测量要求：

平地：$$f_{h允}\leqslant\pm40\sqrt{L}\ (\text{mm})$$

L——水准路线的长度，单位 km。

山地：$$f_{h允}\leqslant\pm12\sqrt{n}\ (\text{mm})$$

n——水准路线的测站数。

2. 要求

(1) $f_h\leqslant f_{h允}$；

(2)视线长度不超过 100m，前、后视距应大致相等。

六、范例

已知 $BM_1=21.453\text{m}$，$BM_2=25.006\text{m}$；具体见图 2-3、表 2-2。

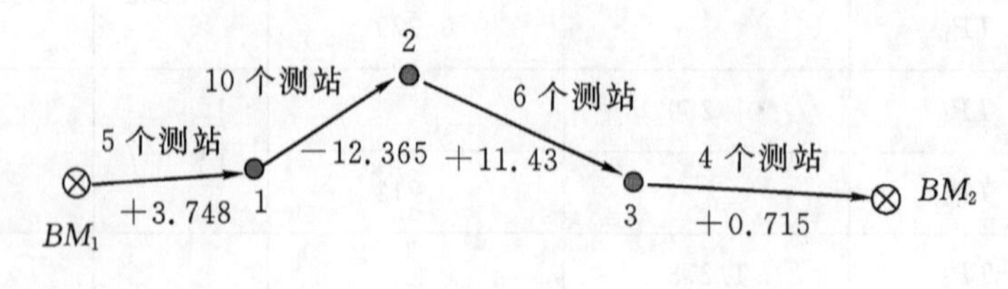

图 2-3

表 2－2　闭(附)合水准路线成果计算表

日期　　　　　　　　　　　　　　计算　　　　　　　　　　　　复核

点名	距离(测站)	实测高差(m)	改正数(mm)	改正高差(m)	高程	备注
BM_1					21.453	已知
	5	+3.748	+5	+3.753		
1					25.206	
	10	−12.365	+10	−12.355		
2					12.851	
	6	11.430	+6	+11.436		
3					24.287	
	4	+0.715	+4	+0.719		
BM_2					25.006	已知
Σ	25	+3.528	+25	+3.553		
校核	$f_h=-25\text{mm}$　$\sum n=25$　$-f_h/\sum n=1\ \text{mm}$ $\sum h=H_{终}-H_{始}=+3.553\text{m}$ $f_h\leqslant f_{h允}$　$f_{h容}=\pm12\sqrt{25}\text{mm}=\pm60\text{mm}$				草图略	

七、注意事项

(1)搬运仪器前,须检查仪器箱是否扣好或锁好,提手和背带是否牢固。

(2)取出仪器时,应先看清仪器在箱内的安放位置,以便使用完毕照原样装箱,仪器取出后,应盖好仪器箱。

(3)安置仪器时,注意拧紧架腿螺旋和中心连接螺旋;在测量过程中作业员不得离开仪器,特别是在建筑工地等处工作时,更须防止意外事故发生。

(4)操作仪器时,制动螺旋不要拧得过紧,转动仪器时必须先松开制动螺旋,仪器制动后,不得用力扭转仪器。

(5)仪器在工作时,为避免仪器被暴晒和雨淋,应撑伞遮住仪器。

(6)迁站时,若距离较近,可将仪器各制动螺旋固紧,收拢三脚架,一手持脚架,一手托住仪器搬移。若距离较远,应装箱搬运。

(7)仪器装箱前,先清除仪器外部灰尘,松开制动螺旋,将其他螺旋旋至中部位置。按仪器在箱内的原安放位置装箱。

(8)仪器装箱后,应放在干燥通风处保存,注意防潮、防霉、防碰撞。

八、作业及报告

(1)每人提交合格水准测量手簿记录表一份。

(2)每人提交合格闭(附)合水准路线成果计算表一份。

(3)每人提交水准仪认识与操作实训报告一份。

实训二 (一)水准测量手簿

日 期： 天 气： 组 别：
仪 器： 观测者： 记录者：

测站	转点	水准尺读数(m)		高差(m)		高程(m)	备注
		后视读数	前视读数	+	−		
1	2	3	4	5		6	7
1							
2							
3							
4							
5							
6							
7							
8							
9							
10							

(二)闭(附)合水准路线成果计算表

日期：　　　　　　　　　　　　计算：　　　　　　　　　　复核：

点名	距离(测站)	实测高差(m)	改正数	改正高差	高程	备注
校核计算					草图	

实训二　水准仪水准路线测量实训报告

班级：　　　　　　组别：　　　　　　姓名：　　　　　　日期：

<table>
<tr><td>使用仪器与工具</td><td></td><td rowspan="2">成绩</td><td rowspan="2"></td></tr>
<tr><td>实训目的</td><td></td></tr>
<tr><td colspan="4">水准路线布设形式有哪些？本次实习是哪种形式？绘出草图。</td></tr>
<tr><td colspan="4">在水准测量过程中，当读完后视，转向前视时发现圆水准器气泡偏离中心，应如何处理？</td></tr>
<tr><td colspan="4">什么是转点？什么情况下设置转点？起什么作用？有什么特点？</td></tr>
<tr><td colspan="4">水准测量中哪些操作容易产生误差？如何消除或减弱它们的影响？</td></tr>
<tr><td colspan="4">精度分析：实验结果是否达到精度要求？分析其原因。</td></tr>
<tr><td colspan="4">实训总结：</td></tr>
</table>

实训三　微倾式水准仪的检验与校正

一、目的

(1)掌握水准仪有哪些主要轴线,各轴线之间应满足的几何条件。

(2)掌握 DS_3 微倾水准仪的检验方法。

(3)了解水准仪的校正方法。

二、内容

(1)圆水准器的检验与校正。

(2)望远镜十字丝的检验与校正。

(3)水准管轴平行于准轴的检验与校正。

三、器械

DS_3 微倾水准仪 1 台,水准尺 1 对,尺垫 1 对,钢尺 1 个,记录夹 1 个。

四、水准仪的主要轴线(见图 3-1)及各轴线之间应满足的几何条件

1. 主要轴线

视准轴 CC、水准管轴 LL、仪器竖轴 VV 和圆水准器轴 $L'L'$,以及十字丝横丝。

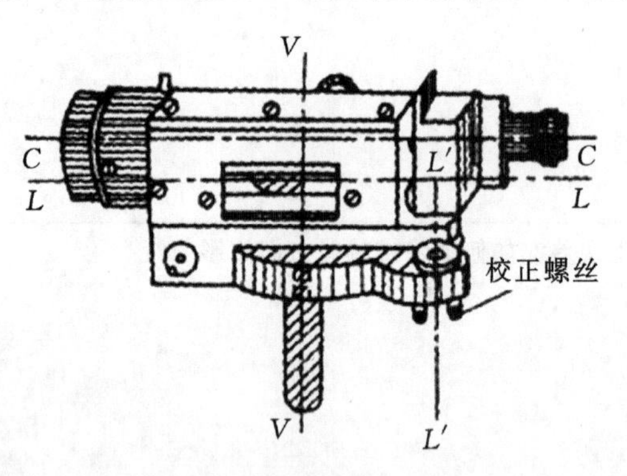

图 3-1　水准仪的主要轴线

2. 水准仪各轴线间应满足的几何条件

根据水准测量原理,水准仪必须提供一条水平视线,才能正确地测出两点间的高差。

(1)圆水准器轴 $L'L'$ 平行于仪器竖轴 VV;

(2)十字丝的中丝(横丝)垂直仪器竖轴 VV;

(3)水准管轴 LL 平行视准轴 CC。

五、方法与步骤

1.圆水准器轴平行仪器竖轴的检验校正

(1)检验。

安置仪器后,用脚螺旋调节圆水准器气泡居中,然后将望远镜绕竖轴旋转180°,如气泡仍居中,见图3-2(a),表示此项条件满足要求(圆水准器轴与竖轴平行);若气泡不居中,见图3-2(b),则应进行校正。

(2)校正。

校正时,用脚螺旋使气泡向零点方向移动偏离长度的一半,这时竖轴处于铅垂位置,见图3-2(c)。然后再用校正针调整圆水准器下面的三个校正螺钉,使气泡居中。这时,圆水准器轴便平行于仪器竖轴,见图3-2(d)。校正时,一般要反复进行数次,直到仪器旋转到任何位置圆水准器气泡都居中为止。最后,要注意拧紧固定螺钉。圆水准器校正螺钉见图3-3。

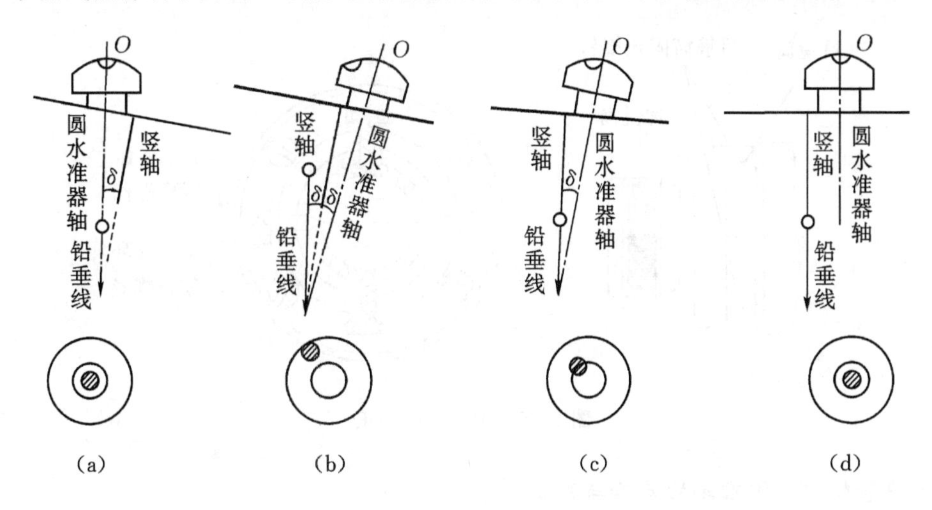

图3-2　圆水准器检验校正原理

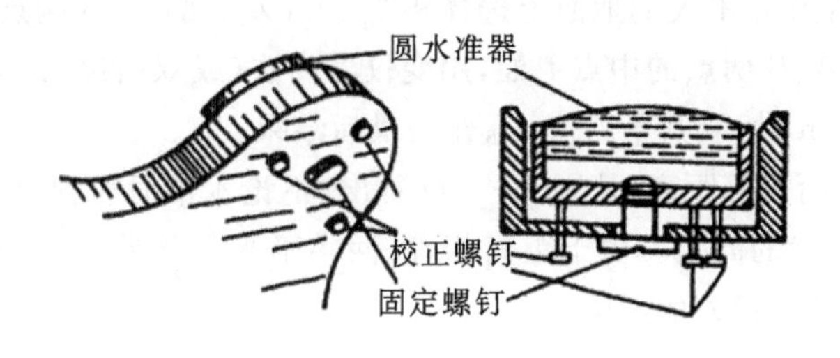

图3-3　圆水准器校正螺钉

2.十字丝横丝垂直仪器竖轴的检验与校正

(1)检验。

安置水准仪并严格整平后,先用十字丝横丝的一端对准50m以外一个点状目标,如图3-4(a)中的P点,然后拧紧制动螺旋,缓缓转动微动螺旋。若P点始终在横丝上移动,如图3-4(b)所示,说明十字丝横丝垂直仪器竖轴,条件满足;若P点移动的轨迹离开了横丝,如图3-4(c)、图3-4(d)所示,则条件不满足,需要校正。

(2)校正。

校正方法因十字丝分划板座安置的形式不同而异。其中一种十字丝分划板的安置是将其固定在目镜筒内，目镜筒插入物镜筒后，再由三个固定螺钉与物镜筒连接。校正时，用螺丝刀放松三个固定螺钉，然后转动目镜筒，使横丝水平(见图 3-5)，最后将三个固定螺钉拧紧。

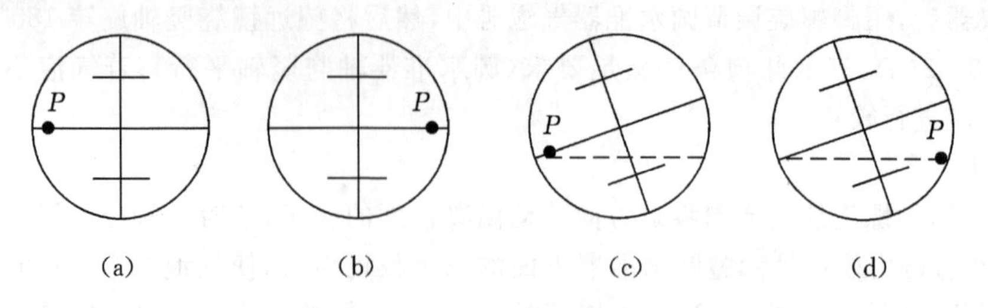

图 3-4　十字丝的检验

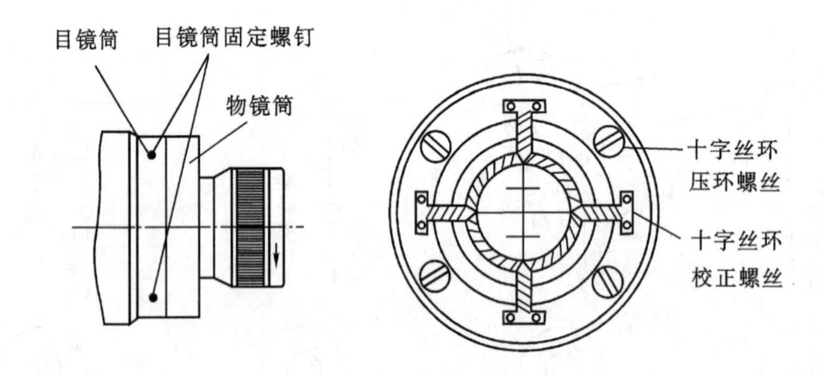

图 3-5　十字丝的校正

3. 水准管轴平行视准轴的检验与校正

(1)检验。

如图 3-6 所示，在高差不大的地面上选择相距 80m 左右的 A、B 两点，打入木桩或安放尺垫。将水准仪安置在 A、B 两点的中点 I 处，用变仪器高法(或双面尺法)测出 A、B 两点高差，两次高差之差小于 3mm 时，取其平均值 h_{AB} 作为最后结果。

由于仪器距 A、B 两点等距离，从图 3-6 可看出，不论水准管轴是否平行视准轴，在此处测出的高差 h_{AB} 都是正确的高差。由于距离相等，两轴不平行误差 Δ 可在高差计算中自动消除，故高差 h_{AB} 不受视准轴误差的影响。

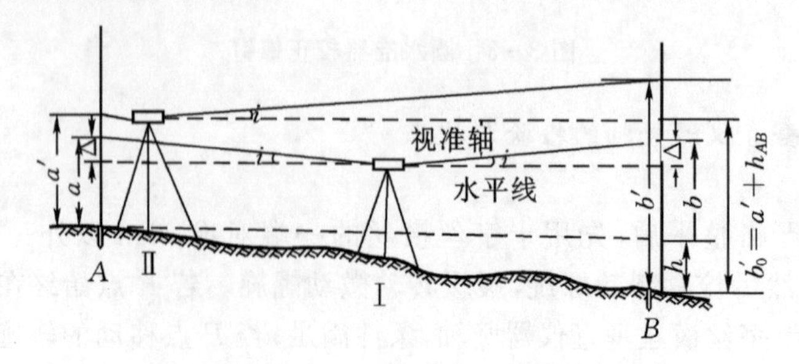

图 3-6　水准管轴平行视准轴的检验

然后将仪器搬至距 A 点 2～3m 处，精平后，分别读取 A 尺和 B 尺的中丝读数 a' 和 b'。因仪器距 A 很近，水准管轴不平行视准轴引起的读数误差可忽略不计，则可计算出仪器在Ⅱ处时，B 点尺上水平视线的正确读数为：

$$b'_0=a'+h_{AB}$$

实际测出的 b'，如果与计算得到的 b'_0 相等，则表明水准管轴平行视准轴；否则，两轴不平行，其夹角为：

$$i=\frac{b'-b'_0}{D_{AB}}\rho$$

式中，D_{AB} 为 AB 两点之间的距离；$\rho=206265''$。

对于 DS_3 微倾式水准仪，i 不得大于 20″，如果大于 20″，则应对水准仪进行校正。

(2)校正。

仪器仍在Ⅱ处，调节微倾螺旋，使中丝在 B 尺上的中丝读数移到 b'_0，这时视准轴处于水平位置，但水准管气泡不居中(符合气泡不吻合)。用校正针拨动水准管一端的上、下两个校正螺钉，先松一个，再紧另一个，将水准管一端升高或降低，使符合气泡吻合(见图 3-7)，再拧紧上、下两个校正螺钉。此项校正要反复进行，直到 i 角小于 20″为止。

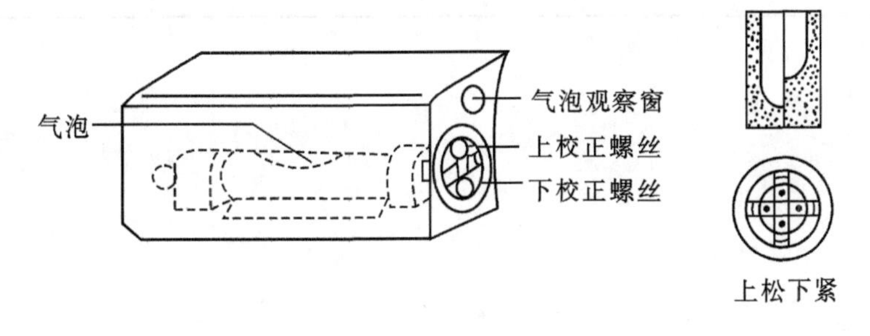

图 3-7　管水准管气泡校正螺钉

六、注意事项

(1)校正必须按照“先圆水准器，后十字丝，最后管水准器”的顺序进行，不得颠倒，原则是后一项校正不能影响前一项的结果。

(2)校正必须在有相当经验的老师指导下进行，不能轻易操作。

(3)拨动校正螺钉时，应先松后紧，松一个紧一个，用力要轻。校正后校正螺钉应处于稍紧状态。

七、作业及报告

(1)每人提交微倾式水准仪的检验与校正记录表一份。

(2)每人提交微倾式水准仪的检验与校正实训报告一份。

实训三　微倾式水准仪的检验与校正记录表

班级：　　　　　　　　　　　　　　检验者：　　　　　　　　日　期：

组别：　　　　　　　　　　　　　　记录者：　　　　　　　　仪器编号：

测站位置	计算符号	第一次	第二次	检验略图
仪器在两标尺中间	a			
	b			
	$h=a-b$			
仪器在 A 标尺一端	h			
	a'			
	$b_0=h+a'$			
	b'			

实训三　微倾式水准仪的检验与校正实训报告

班级：　　　　组别：　　　　姓名：　　　　日期：

<table>
<tr><td>使用仪器与工具</td><td></td><td rowspan="2">成绩</td><td rowspan="2"></td></tr>
<tr><td>实训目的</td><td></td></tr>
<tr><td colspan="4">水准仪有哪些主要轴线，各轴线之间应满足的几何条件是什么？</td></tr>
<tr><td colspan="4">水准仪检验时，将仪器安置在两水准尺中点位置，不论仪器是否经过检验测出的结果都是正确的，为什么？</td></tr>
<tr><td colspan="4">水准仪检验应按怎样的顺序进行，为什么？</td></tr>
<tr><td colspan="4">使用水准仪前如何检查仪器是否满足几何条件？</td></tr>
<tr><td colspan="4">实训总结：</td></tr>
</table>

实训四　经纬仪的认识与使用

一、目的

(1)了解 DJ_6光学经纬仪的构造、组成、名称及作用。

(2)熟悉光学经纬仪对中、整平、瞄准、读数的安置步骤。

(3)初步掌握各部件的使用方法,测量两个方向间的水平角。

二、内容

(1)练习经纬仪的安置,熟悉各部件的作用及使用方法。

(2)学会使用铅垂、光学对中器两种方法对中。

(3)测量两个方向间的水平角。

三、器械

DJ_6光学经纬仪 1 台,花杆 2 根,记录表、记录夹各 1 个。

四、方法与步骤

(一)安置仪器

将经纬仪安置在测站点上,包括对中和整平两项内容。对中的目的是使仪器中心与测站点标志中心位于同一铅垂线上;整平的目的是使仪器竖轴处于铅垂位置,水平度盘处于水平位置。

1. *初步对中整平*

(1)用锤球对中,其操作方法如下:

①将三脚架调整到合适高度,张开三脚架安置在测站点上方,在脚架的连接螺旋上挂上锤球,如果锤球尖离标志中心太远,可固定一脚移动另外两脚,或将三脚架整体平移,使锤球尖大致对准测站点标志中心,并注意使架头大致水平,然后将三脚架的脚尖踩入土中。

②将经纬仪从箱中取出,用连接螺旋将经纬仪安装在三脚架上。调整脚螺旋,使圆水准器气泡居中。

③此时,如果锤球尖偏离测站点标志中心,可旋松连接螺旋,在架头上移动经纬仪,使锤球尖精确对中测站点标志中心,然后旋紧连接螺旋。

(2)用光学对中器对中,其操作方法如下:

①使架头大致对中和水平,连接经纬仪;调节光学对中器的目镜和物镜对光螺旋,使光学对中器的分划板小圆圈和测站点标志的影像清晰。

②转动脚螺旋或移动三脚架,使光学对中器对准测站标志中心,此时圆水准器气泡偏离,伸缩三脚架架腿,使圆水准器气泡居中,注意脚架尖位置不得移动。

2. **精确对中和整平**

(1)整平。

先转动照准部，使水准管平行于任意一对脚螺旋的连线，如图 4－1 所示。

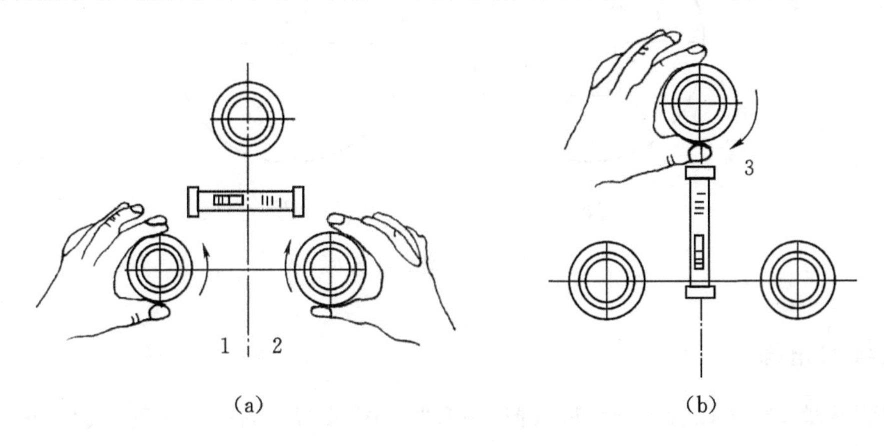

图 4－1　经纬仪的整平

两手同时向内或向外转动这两个脚螺旋，使气泡居中，注意气泡移动方向始终与左手大拇指移动方向一致；然后将照准部转动 90°，如图 4－1 所示，转动第三个脚螺旋，使水准管气泡居中，此时绝不能转动已整平的 1、2 两个脚螺旋。再将照准部转回原位置，检查气泡是否居中，若不居中，按上述步骤反复进行，直到水准管在任何位置，气泡偏离零点不超过一格为止。

(2)对中。

先旋松连接螺旋，在架头上轻轻移动经纬仪，使锤球尖精确对中测站点标志中心，或使光学对中器分划板小圆圈与测站点标志影像重合；然后旋紧连接螺旋。锤球对中误差一般可控制在 3mm 以内，光学对中器对中误差一般可控制在 1mm 以内。

对中和整平是相互影响的，一般都需要经过几次“整平—对中—整平”的循环过程，直至整平和对中均符合要求。

(二)瞄准目标

(1)松开望远镜制动螺旋和照准部制动螺旋，将望远镜朝向明亮背景，调节目镜对光螺旋，使十字丝清晰。

(2)利用望远镜上的照门和准星粗略对准目标，拧紧照准部水平及竖直制动螺旋；调节物镜对光螺旋，使目标影像清晰，并注意消除视差。

(3)转动照准部和望远镜微动螺旋，精确瞄准目标。测量水平角时，应用十字丝交点附近的竖丝瞄准目标基部，如图 4－2 所示。

(三)读数

(1)打开反光镜，调节反光镜镜面位置，使读数窗亮度适中。

(2)转动读数显微镜目镜对光螺旋，使度盘、测微尺及指标线的影像清晰。

(3)根据仪器的读数设备，按前述的经纬仪读数方法进行读数。

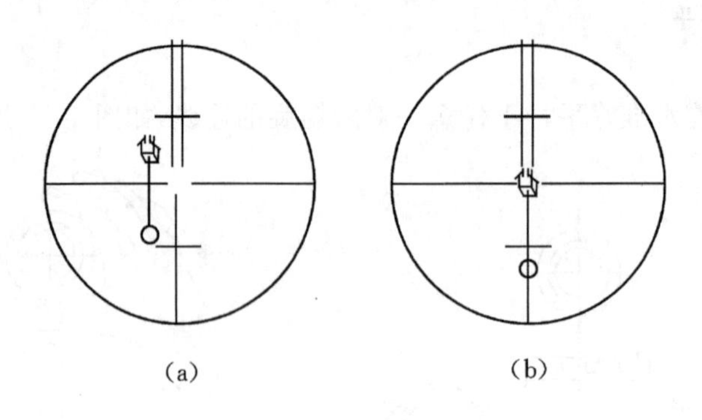

图 4-2　瞄准目标

五、读数与测角练习

在读数显微镜内可以看到两个读数窗:注有“水平”或“*H*”的是水平度盘读数窗;注有“竖直”或“*V*”的是竖直度盘读数窗。每个读数窗上有一分微尺。分微尺的长度等于度盘上1°影像的宽度,即分微尺全长代表1°。将分微尺分成60小格,每1小格代表1′,可估读到0.1′,即6″。每10小格注有数字,表示10′的倍数。

读数时,先调节读数显微镜目镜对光螺旋,使读数窗内度盘影像清晰,然后,读出位于分微尺中的度盘分划线上的注记度数,最后,以度盘分划线为指标,在分微尺上读取不足1°的分数,并估读秒数。如图4-3所示,其水平度盘读数为180°06′12″,竖直度盘读数为75°57′06″。

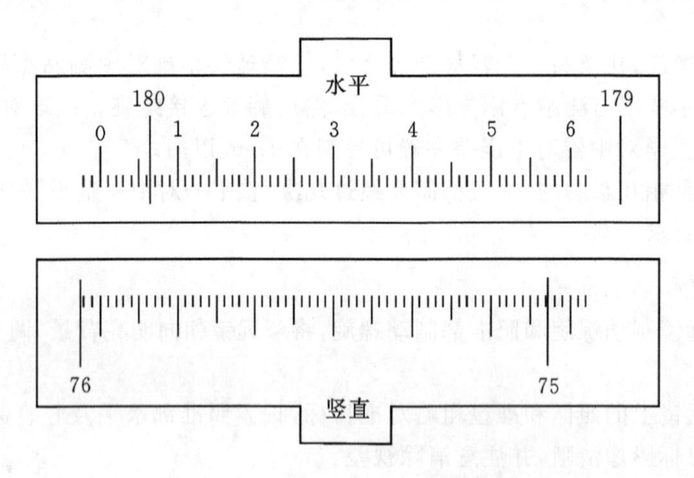

图 4-3　水平、竖直度盘读数窗

六、注意事项

(1)开箱取出仪器时,应记住仪器在箱中的放置位置,以便装箱时恢复原位。

(2)取出的仪器在与三脚架未连接好前,手不得松开仪器,以防仪器跌落。

(3)转动仪器之前,必须先松开制动螺旋,用力要轻,发现转动不灵活,要及时查明原因,不可强行转动。

(4)一个人操作仪器,其他人只能用语言帮助,不能多人同时操作一台仪器。

(5)目标离仪器较近时,成像较大,可用单丝平分目标;目标离仪器较远时,可用双丝夹住目标或用单丝和目标重合。

(6)水平角观测时,要照准目标底部,用竖丝平分花杆;竖直角观测时,用十字丝横丝照准目标顶部或某一预定部位。

七、作业及报告

每人提交经纬仪认识与操作实训报告一份。

实训四　经纬仪认识与操作实训报告

班级：　　　　组别：　　　　姓名：　　　　日期：

<table>
<tr><td>使用仪器与工具</td><td colspan="3"></td><td rowspan="2">成绩</td><td rowspan="2"></td></tr>
<tr><td>实训目的</td><td colspan="3"></td></tr>
<tr><td colspan="6">水平角观测记录与计算表</td></tr>
<tr><td>测站</td><td>竖盘位置</td><td>目标</td><td>水平度盘读数</td><td>水平角</td><td>备注</td></tr>
<tr><td rowspan="2">1</td><td rowspan="2">左</td><td>左目标 A</td><td></td><td rowspan="2"></td><td rowspan="2"></td></tr>
<tr><td>右目标 B</td><td></td></tr>
<tr><td rowspan="2">2</td><td rowspan="2">右</td><td>左目标 C</td><td></td><td rowspan="2"></td><td rowspan="2"></td></tr>
<tr><td>右目标 D</td><td></td></tr>
<tr><td colspan="6">经纬仪对中、整平的目的各是什么？操作时是否相互影响？你觉得怎样做能较快地对中和整平？</td></tr>
<tr><td colspan="6">照准部、望远镜制动和微动螺旋各起什么作用？操作时应注意什么？</td></tr>
<tr><td colspan="6">实训总结：</td></tr>
</table>

实训五 测回法*观测水平角

一、目的

(1)进一步熟练掌握安置仪器和读数的方法。

(2)掌握经纬仪测回法观测水平角的记录与计算方法。

二、内容

(1)用测回法观测水平角方法的步骤练习。

(2)规范记录及计算。

三、器械

DJ_6光学经纬仪1台,花杆2根,记录夹1个。

四、方法与步骤

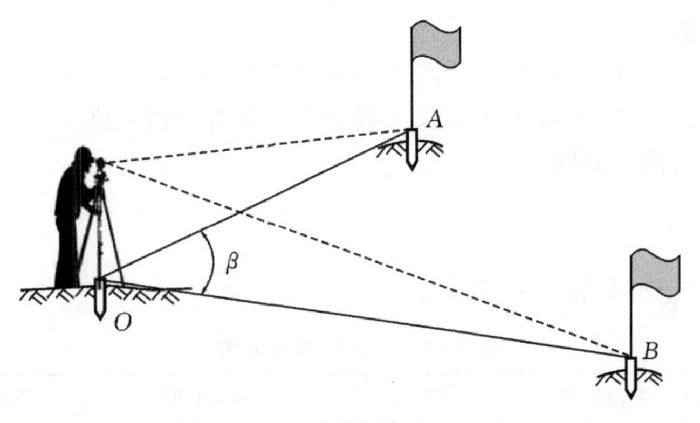

图5-1 水平角测量(测回法)

如图5-1所示,设O为测站点,A、B为观测目标,用测回法观测OA与OB两方向之间的水平角β,具体施测步骤如下:

(1)在测站点O安置经纬仪,在A、B两点竖立测杆或测钎等,作为目标标志。

(2)将仪器置于盘左位置,转动照准部,先瞄准左目标A,读取水平度盘读数a_L,设读数为$0°01'30''$,记入水平角观测手簿表中相应栏内。松开照准部制动螺旋,顺时针转动照准部,瞄准右目标B,读取水平度盘读数b_L,读数为$98°20'48''$,记入表中相应栏内。

以上称为上半测回,盘左位置的水平角角值(也称上半测回角值)β_L为:

$$\beta_L=b_L-a_L=98°20'48''-0°01'30''=98°19'18''$$

(3)松开照准部制动螺旋,倒转望远镜成盘右位置,先瞄准右目标B,读取水平度盘读数b_R,读数为$278°21'12''$,记入表中相应栏内。松开照准部制动螺旋,逆时针转动照准部,瞄准左目标A,读取水平度盘读数a_R,设读数为$180°01'42''$,记入表相应栏内。

* 测回法,适用于观测两个方向之间的单角。

以上称为下半测回，盘右位置的水平角角值(也称下半测回角值)β_R为：

$$\beta_R = b_R - a_R = 278°21'12'' - 180°01'42'' = 98°19'30''$$

上半测回和下半测回构成一测回。在本例中，上、下两半测回角值之差为：

$$\triangle\beta = \beta_L - \beta_R = 98°19'18'' - 98°19'30'' = -12''$$

一测回角值为：

$$\beta = \frac{1}{2}(\beta_L + \beta_R) = \frac{1}{2}(98°19'18'' + 98°19'30'') = 98°19'24''$$

将结果记入表中相应栏内。

五、注意事项和精度要求

(1)对于DJ_6型光学经纬仪，如果上、下两半测回角值之差不大于$\pm 40''$，认为观测合格。此时，可取上、下两半测回角值的平均值作为一测回角值β。

(2)由于水平度盘是顺时针刻划和注记的，所以计算水平角时，总是用右目标的读数减去左目标的读数，如果不够减，则应在右目标的读数上加上360°，再减去左目标的读数，绝对不可以倒过来减。

(3)当测角精度要求较高时，需对一个角度观测多个测回，应根据测回数n，以$\frac{180°}{n}$的差值，安置水平度盘读数。

(4)各测回角值互差如果不超过$\pm 24''$，取各测回角值的平均值作为最后角值。

(5)要求对中误差小于3mm，整平误差不超过水准管分划值一格。

(6)每人至少进行四个测回。

六、范例

测回法观测手簿范例如表5-1所示。

表5-1 测回法观测手簿

测站	竖盘位置	目标	水平度盘读数	半测回角值	一测回角值	各测回平均值	备注
			° ′ ″	° ′ ″	° ′ ″	° ′ ″	
第一测回 *O*	左	*A*	0 01 30	98 19 18	98 19 24	98 19 30	
		B	98 20 48				
	右	*A*	180 01 42	98 19 30			
		B	278 21 12				
第二测回 *O*	左	*A*	90 01 06	98 19 30	98 19 36		
		B	188 20 36				
	右	*A*	270 00 54	98 19 42			
		B	8 20 36				

七、作业及报告

(1)每人提交测回法记录表一份。

(2)每人提交测回法实训报告一份。

实训五　测回法记录表

日期：　　　　　　　　天气：　　　　　　　　组　别：

仪器：　　　　　　　　观测者：　　　　　　　记录者：

测站	竖盘位置	测点	水平度盘读数	半测回角值	一测回角值	各测回平均值

实训五　测回法观测水平角实训报告

班级：　　　　　组别：　　　　　姓名：　　　　　日期：

使用仪器与工具		成绩	
实训目的			

测回法适用于观测几个方向组成的夹角？绘出草图。
测量时为什么要用盘左、盘右两个半测回观测水平角，且取平均值？
怎样用盘左、盘右读数计算水平角？当右目标读数小于左目标读数时，应如何计算？
精度分析：实验结果是否达到精度要求？分析其原因。
实训总结：

实训六　经纬仪全圆测回法*测水平角

一、目的

掌握经纬仪全圆测回法测水平角的观测、记录、计算方法。

二、内容

(1)练习全圆测回法观测水平角的方法步骤。

(2)掌握记录及计算方法。

三、器械

每组 DJ_6 光学经纬仪 1 台，花杆 4 根。

四、方法与步骤

如图 6－1 所示，设 O 为测站点，A、B、C、D 为观测目标，用方向观测法观测各方向间的水平角，具体施测步骤如下：

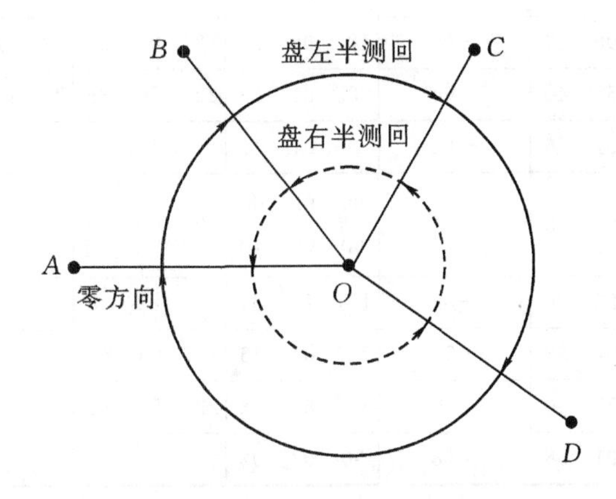

图 6－1　全圆测回法测水平角

(1)在测站点 O 安置经纬仪，在 A、B、C、D 观测目标处竖立观测标志。

(2)盘左位置。选择一个明显目标 A 作为起始方向，瞄准 A 方向，将水平度盘读数调整到 0°稍大于处，读取水平度盘读数，记入方向观测法观测手簿相应栏内。

松开照准部制动螺旋，顺时针方向旋转照准部，依次瞄准 B、C、D 各目标，分别读取各目标水平度盘读数，记录其读数。为了校核，再次瞄准零方向 A，读取水平度盘读数，称为上半测回归零值，记录其读数。

零方向 A 的两次读数之差的绝对值，称为半测回归零差，归零差不应超过±24″，如果归零差超限，应重新观测。以上称为上半测回。

---

* 全圆测回法也称方向观测法，适用于在一个测站上观测两个以上的方向。

(3)盘右位置。逆时针方向依次照准目标 A、D、C、B、A，并将水平度盘读数由下向上记录，此为下半测回。

上、下两个半测回合称一测回。为了提高精度，有时需要观测 n 个测回，则各测回起始方向仍按 $\frac{180°}{n}$ 的差值，调节水平度盘起始方向读数。

五、范例

全圆测回法观测手簿范例如表 6－1 所示。

表 6－1　全圆测回法观测手簿

测站	测回数	目标	水平度盘读数		2C＝L－R ±180°	平均读数 ＝1/2〔L－(R ±180°)〕	最零后方向值	各测回归零后方向平均值	略图及角值
			盘左 L	盘右 R					
			° ′ ″	° ′ ″	′ ″	° ′ ″	° ′ ″	° ′ ″	
1	2	3	4	5	6	7	8	9	10
O	1	A	0 01 10	180 01 02	+08	(0 01 11) 0 01 06	0 00 00	0 00 00	
		B	61 24 20	241 24 14	+04	61 24 17	61 23 06	61 23 12	
		C	127 06 50	307 06 50	+00	127 06 50	127 05 39	127 05 40	
		D	225 51 44	45 51 48	−04	225 51 46	225 50 35	225 50 39	
		A	0 01 14	180 01 16	−02	0 01 15			
	2	A	90 02 8	270 02 12	+04	(90 02 06) 90 02 10	0 00 00		
		B	151 25 22	331 25 26	+04	151 25 24	61 23 18		
		C	217 07 40	37 07 52	−12	217 07 46	127 05 40		
		D	315 52 46	135 52 50	−4	315 52 48	225 50 42		
		A	90 02 06	270 01 58	+08	90 02 02			

六、计算及精度要求

1. 计算步骤

(1)计算 $2C$ 值。

$2C$ 值又称两倍照准差，其计算公式如下：

$$2C = 盘左读数 - (盘右读数 \pm 180°)$$

上式中，盘右读数大于 180°时取"－"号，盘右读数小于 180°时取"＋"号。一测回内各方向 $2C$ 值互差不应超过±18″(DJ6 光学经纬仪)。如果超限，则应重新测量。

(2)计算各方向的平均读数。

平均读数又称为各方向的方向值，其计算公式如下：

$$平均读数 = \frac{盘左读数 + (盘右读数 \pm 180°)}{2}$$

计算时，以盘左读数为准，将盘右读数加或减 180°后，与盘左读数取平均值。起始方向有两个平均读数，故应再取其平均值，如表 6－1 中第 7 栏上方小括号数据。

（3）计算归零后的方向值。

将各方向的平均读数减去起始方向的平均读数（括号内数值），即得各方向的“归零后方向值”，起始方向归零后的方向值为零。

（4）计算各测回归零后方向值的平均值。

多测回观测时，同一方向值各测回互差，符合±24″（DJ6 光学经纬仪）的误差规定，取各测回归零后方向值的平均值，作为该方向的最后结果。

（5）计算各目标间水平角角值。

如将表 6－1 中第 9 栏相邻两方向值相减即可求得。

2. DJ_6 经纬仪方向法观测的各项限差

DJ_6 经纬仪方向法观测的各项限差为：半测回归零差±18″；同一方向各测回方向值互差：±24″。

七、注意事项

（1）要旋紧中心连接螺旋和纵轴固定螺旋，防止仪器事故。

（2）应选择距离稍远、易于照准的清晰目标作为起始方向（零方向）。

（3）为避免发生错误，在同一测回观测过程中，切勿碰动水平度盘变换手轮，注意关上保护盖。

（4）记录员听到观测员读数后必须向观测员回报，经观测员默许后方可记入手簿，以防听错而记错。

（5）手簿记录、计算一律取至秒。

（6）观测过程中，若照准部水准管气泡偏离居中位置，其值不得大于一格，同一测回内若气泡偏离居中位置大于一格，则该测回应重测。不允许在同一个测回内重新整平仪器。不同测回，则允许在测回间重新整平仪器。

（7）测回间盘左零方向的水平度盘读数应变动$\frac{180°}{n}$（n 为测回数）。

八、作业及报告

（1）每人提交全圆测回法记录表一份。

（2）每人提交全圆测回法实训报告一份。

实训六　全圆测回法计录表

日 期：　　　　　　　　　　天　气：　　　　　　　　　　组　别：

仪 器：　　　　　　　　　　观测者：　　　　　　　　　　记录者：

测站	测回数	目标	水平度盘读数		2C	平均读数	归零后方向值	各测回归零后方向平均值	水平角值
			盘左	盘右					
1	2	3	4	5	6	7	8	9	10

实训六　全圆测回法观测水平角实训报告

班级：　　　　组别：　　　　姓名：　　　　日期：

<table>
<tr><td>使用仪器与工具</td><td></td><td rowspan="2">成绩</td><td rowspan="2"></td></tr>
<tr><td>实训目的</td><td></td></tr>
<tr><td colspan="4">全圆测回法是否适用于观测多个方向组成的夹角？绘出草图。</td></tr>
<tr><td colspan="4">测量时为什么要用盘左、盘右两个半测回观测水平角，且取平均值？</td></tr>
<tr><td colspan="4">在一测回观测过程中，发现气泡偏离超过一格，是调整后继续观测，还是重新观测？为什么？</td></tr>
<tr><td colspan="4">精度分析：实验结果是否达到精度要求？分析其原因。</td></tr>
<tr><td colspan="4">实训总结：</td></tr>
</table>

实训七　竖角观测与竖盘指标差检校

一、目的

(1)了解经纬仪竖盘注记形式,掌握竖直角及竖盘指标差的计算公式。

(2)掌握竖直角观测、记录、计算和检验竖盘指标差的方法。

二、内容

(1)经纬仪竖直角观测、记录、计算的方法。

(2)检验竖盘指标差的方法。

三、器械

每组J6经纬仪1台,花杆2根,记录板1块,测伞1把。

四、方法与步骤

竖直角是指在同一竖直面内测站点到目标点的倾斜视线和水平视线之间的夹角。

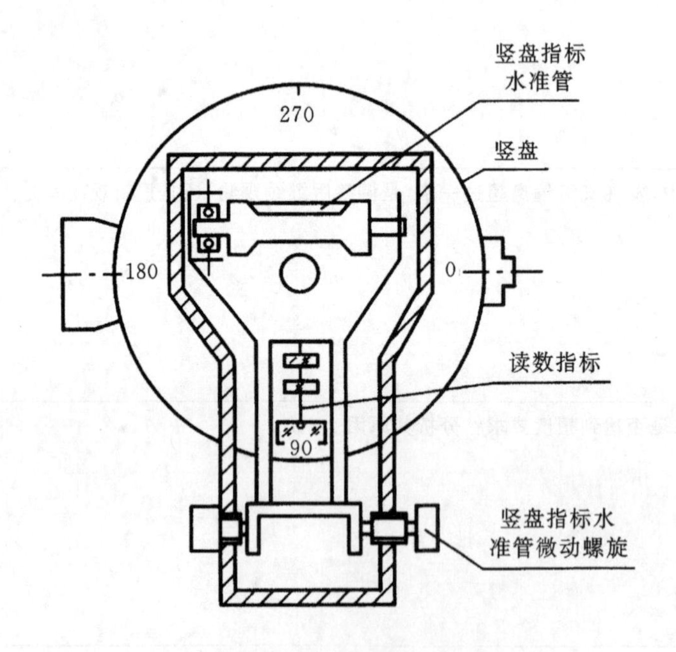

图7-1　经纬仪竖直度盘构造

1.竖直角计算方法

上下转动望远镜,在读数窗口观察竖盘读数的变化,确定竖盘注记形式和起始读数。竖盘读数盘左为L,盘右为R。图7-1为经纬仪竖直度盘构造图,其中视线水平竖盘起始读数$L_0=90°$。

(1)当望远镜视线上仰，竖盘读数增加时：

竖直角 α=瞄准目标时的读数－视线水平时的常数

(2)当望远镜视线上仰，竖盘读数减小时：

竖直角 α=视线水平时的常数－瞄准目标时的读数

对不同注记形式的度盘，首先应正确判读视线水平时的常数，且同一仪器盘左、盘右的常数差为 180°。

2. 竖角观测

选定远处一觇标(标牌或其他明显标志)作为目标，采用中丝法测竖角。

(1)在测站上安置仪器，对中、整平。

(2)盘左。依次瞄准各目标，使十字丝的中横丝切目标于某一位置。如图 7－2 所示。

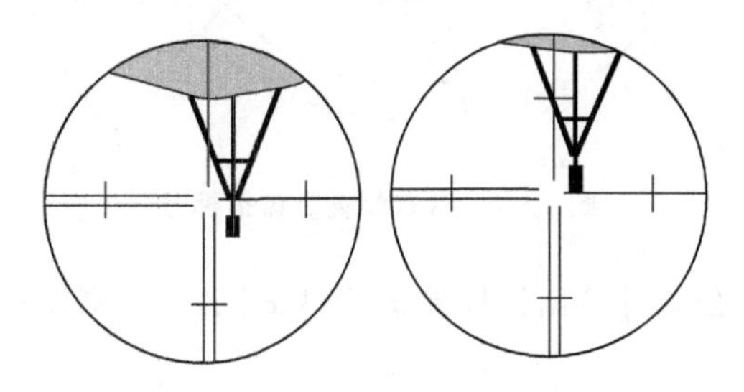

图 7－2 竖直角观测瞄准目标

(3)转动竖盘指标水准管微动螺旋，使竖盘指标水准管气泡居中。读取竖盘读数 L。记录并计算盘左半测回竖角值。

(4)盘右。观测方法同(2)、(3)步，读取竖盘读数 R。记录并计算盘右半测回竖角值。

(5)计算。若指标差互差和竖直角互差符合要求，那么各方向竖直角等于各测回同一方向竖直角的平均值。

3. 竖盘指标差检验与校正

竖盘指标差是指读数指标与正确位置之间的小夹角 x。

(1)检验。

①盘左位置。如图 7－3 所示，望远镜上仰，读数减小，竖盘读数为 L，则正确的竖直角为：

$$\alpha = 90° - L + x = \alpha_L + x$$

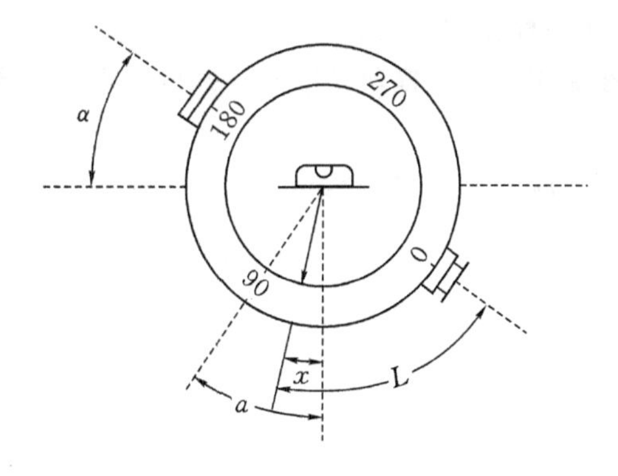

图 7－3 盘左位置竖盘指标差

②盘右位置。如图 7-4 所示，望远镜上仰，读数增大，竖盘读数为 R，则正确的竖直角为：

$$\alpha = R - 270° - x = \alpha_R - x$$

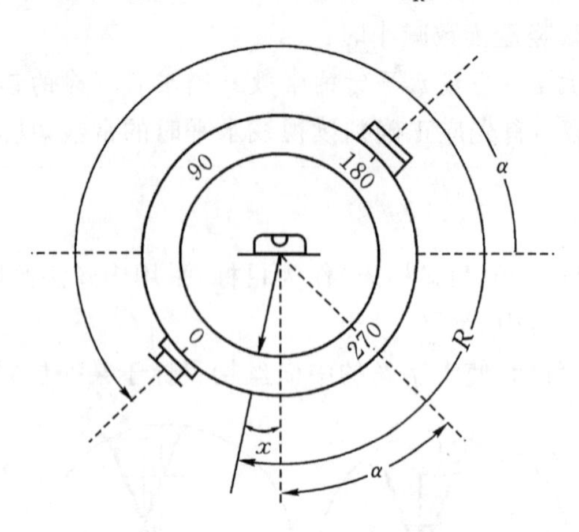

图 7-4　盘右位置竖盘指标差

③按竖盘指标差计算公式计算出指标差 x，若 $|x| > 60''$，则须进行校正。

(2)校正。

① 经纬仪位置不动，仍用盘右照准原目标。转动竖盘指标水准管微动螺旋，使指标对准竖盘读数正确值$(R-x)$，此时竖盘指标水准管气泡不再居中。

② 用校正针拨动竖盘指标水准管校正螺丝使气泡居中。

此项检验校正需反复进行，直到竖盘指标差 x 满足要求为止。

对于有竖盘指标自动归零补偿器的经纬仪，其竖盘指标差的检验方法同上，但校正工作应由专业仪器检修人员进行。

五、精度要求

(1)同一测回中，各方向指标差互差不超过 24″。

(2)同一方向各测回竖直角互差不超过 24″。

六、注意事项

(1)务必弄清计算竖角和指标差的公式。

(2)观测时，对同一目标要用十字丝横丝切准同一部位。每次读数前都要使指标水准管气泡居中。

(3)计算竖角和指标差时，应注意正、负号。

七、范例

竖直角观测记录及计算，如表 7－1 所示。

<table>
<tr><th>测站</th><th>目标</th><th>竖盘位置</th><th>竖盘读数
(° ′ ″)</th><th>半测回竖直角
(° ′ ″)</th><th>指标差
(″)</th><th>一测回竖直角
(° ′ ″)</th><th>仪器高</th><th>觇标高</th><th>照准部位</th></tr>
<tr><td rowspan="4">O</td><td rowspan="2">A</td><td>左</td><td>81 47 36</td><td>＋8 12 24</td><td rowspan="2">－27</td><td rowspan="2">＋8 11 57</td><td rowspan="2">1.53</td><td rowspan="2">1.78</td><td rowspan="2">花杆顶部</td></tr>
<tr><td>右</td><td>278 11 30</td><td>＋8 11 30</td></tr>
<tr><td rowspan="2">C</td><td>左</td><td>96 26 42</td><td>－6 26 42</td><td rowspan="2">＋24</td><td rowspan="2">－6 26 18</td><td rowspan="2">1.53</td><td rowspan="2">2.22</td><td rowspan="2">旗杆顶部</td></tr>
<tr><td>右</td><td>263 34 06</td><td>－6 25 54</td></tr>
</table>

八、作业及报告

(1)每人提交竖角观测记录手簿一份。

(2)每人提交竖角观测实训报告一份。

实训七　竖角观测记录手簿

日 期：　　　　　　天　气：　　　　　　组　别：
仪 器：　　　　　　观测者：　　　　　　记录者：

测站	目标	竖盘位置	竖盘读数(° ′ ″)	半测回竖直角(° ′ ″)	指标差(″)	一测回竖直角(° ′ ″)	备注
		左					
		右					
		左					
		右					
		左					
		右					
		左					
		右					
		左					
		右					

实训报告

何为天顶距、竖直角？它们之间有何关系？

在竖直角观测时，为什么每次读数前必须调节竖盘水准管气泡居中后才能读数？

如何检验竖盘指标差？有指标差时如何处理？

实训总结：

实训八　DJ_6光学经纬仪的检验与校正

一、目的

(1)加深对经纬仪主要轴线之间应满足条件的理解。

(2)掌握 DJ_6经纬仪的室外检验与校正的方法。

二、内容

(1)经纬仪主要轴线应满足的条件,弄清检验原理。

(2)经纬仪的检验方法。

三、器械

DJ_6光学经纬仪 1 台,记录板 1 块,皮尺 1 把,校正针 1 根,小螺丝刀 1 把,2H 铅笔 1 支,直尺 1 把。

四、方法与步骤

1. 经纬仪主要轴线应满足的条件

经纬仪主要轴线见图 8-1,其应满足的条件如下:

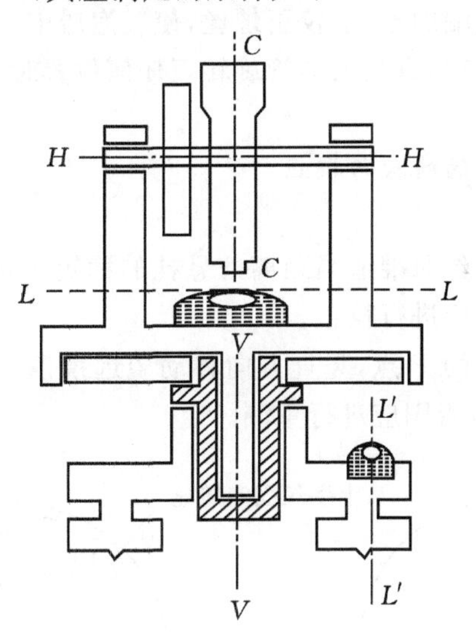

图 8-1　经纬仪主要轴线

(1)竖轴应垂直于水平度盘且过其中心。

(2)照准部水准管轴应垂直于仪器竖轴($LL \perp VV$)。

(3)视准轴应垂直于横轴($CC \perp HH$)。

(4)横轴应垂直于竖轴($HH \perp VV$)。

(5)横轴应垂直于竖盘且过其中心。

2.照准部水准管轴垂直于竖轴的检验与校正

(1)检验方法。先将仪器大致整平,转动照准部使水准管与任意两个脚螺旋连线平行,转动这两个脚螺旋使水准管气泡居中。

将照准部旋转 180°,如气泡仍居中,说明条件满足;如气泡不居中,则需进行校正。如图 8-2所示。

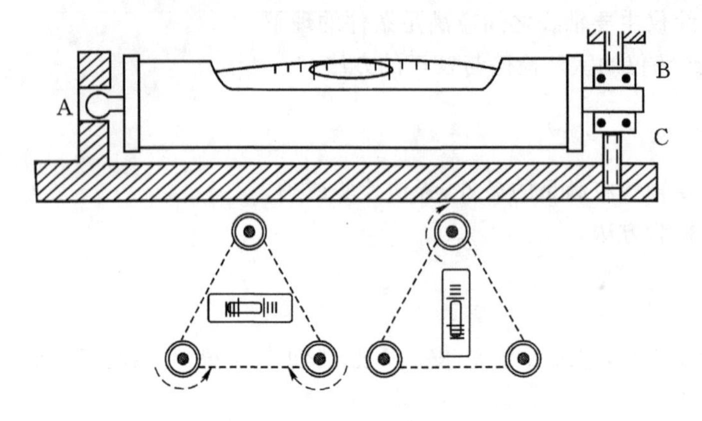

图 8-2 照准部水准管轴垂直于竖直的检验

(2)校正方法。

①转动与水准管平行的两个脚螺旋,使气泡向中心移动偏离值的一半。

②用校正针拨动水准管一端的上、下校正螺丝,使气泡居中。

此项检验和校正需反复进行,直至水准管旋转至任何位置时,水准管气泡偏离居中位置不超过1格。

3.十字丝竖丝垂直于横轴的检验与校正

(1)检验方法。

①仪器整平。用十字丝竖丝照准适当距离处悬挂的稳定不动的垂球线,如果竖丝与垂球线完全重合,则条件满足,否则应进行校正。

②竖丝瞄准大致水平方向的 P 点,竖直方向移动望远镜,看 P 点是否在竖丝上移动。若竖丝不离开 P 点,则条件满足,否则应进行重测。

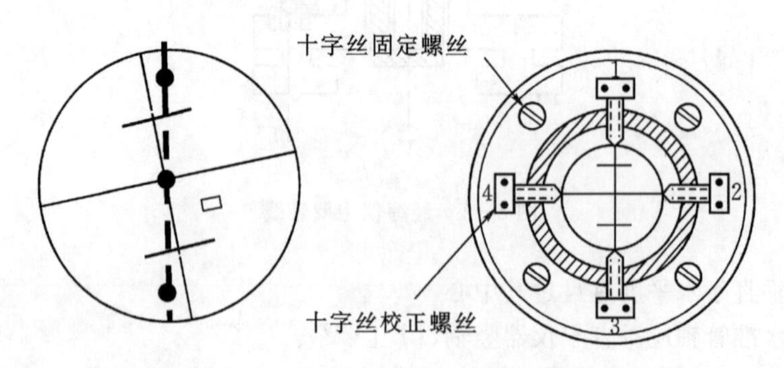

图 8-3 十字丝竖丝垂直于横轴的检验与校正

(2)校正方法。

卸下目镜处的十字丝护盖，松开四个压环螺丝，微微转动十字丝环，直至望远镜上下微动时，该点始终在纵丝上为止。然后拧紧四个压环螺丝，装上十字丝护盖。

4.视准轴垂直于横轴的检验与校正

(1)检验方法。

① 平地选 $O_{AB}=60$m 左右，安置仪器于中点 O；A 点设瞄准标志，B 点横一毫米刻划标尺(注意标志、标尺与仪器同高)。

②盘左：精确瞄准 A 点，纵转望远镜成倒镜，在标尺上读数为 B_1。

③盘右：精确瞄准 A 点，纵转望远镜成倒镜，在标尺上读数为 B_2。

④ 若 $B_1=B_2$，则满足要求；若 $B_1\neq B_2$，且间距大于 2cm 时，则需校正。如图 8-4(a)所示。

(2)校正方法。

①在标尺上定出 B_1、B_2 两点连线的中点 B。

②定出 B、B_2 两点连线的中点 B_0。

③转动照准部微动螺旋，使十字丝对准 B_0，旋下十字丝环护罩，用校正针拨动十字丝环的左、右两个校正螺丝使一松一紧(先略放松上、下两个校正螺丝，使十字丝环能移动)，移动十字丝环，使十字丝交点对准目标点 B。如图 8-4(b)所示。

检校应反复进行，直至视准轴误差 c 在 $\pm60''$ 内。最后将上、下校正螺丝旋紧，旋上十字丝环护罩。

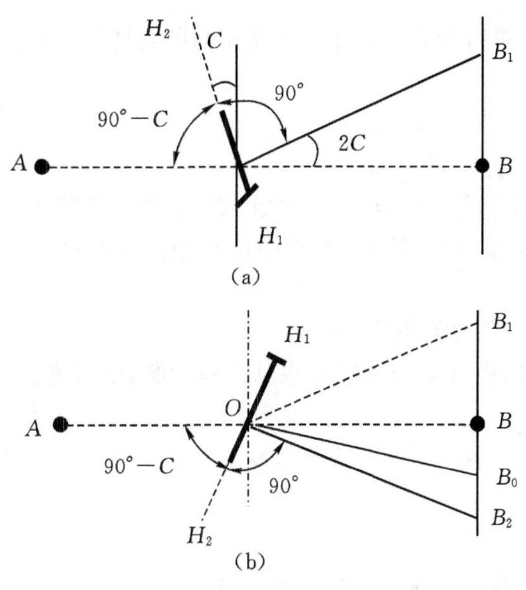

图 8-4 视准轴垂直于横轴的检验与校正

5.横轴垂直于竖轴的检验

在离墙 20～30m 处安置仪器，盘左照准墙上高处一点 P(仰角 30°左右)，放平望远镜，在墙上标出十字丝交点的位置 m_1；盘右再照准 P 点，将望远镜放平，在墙上标出十字丝交点位置 m_2。如 m_1、m_2 重合，则表明条件满足；否则需计算 i 角。i 的计算公式为：

$$i=\frac{d}{2D\cdot\tan\alpha}\rho''$$

式中：D 为仪器至 P 点的水平距离，d 为 m_1、m_2 的距离，α 为照准 P 点时的竖角，$\rho''=206265''$。如图 8-5 所示。

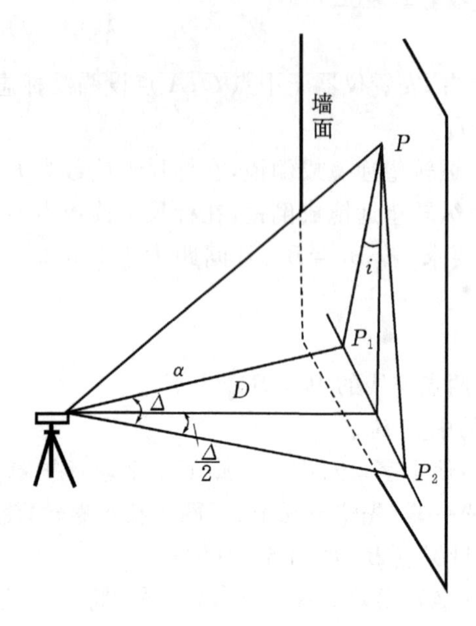

图 8-5 横轴垂直于竖轴的检验

当 i 角大于 60″时，应进行校正。由于横轴是密封的，且需专用工具，故此项校正应由专业仪器检修人进行。

六、注意事项

(1) 实验课前，各组要准备几张画有十字线的白纸，用作照准标志。

(2) 要按实验步骤进行检验、校正，不能颠倒顺序。在确认检验数据无误后，才能进行校正。

(3) 每项校正结束时，要旋紧各校正螺丝。

(4) 选择检验场地时，应考虑视准轴和横轴两项检验，既可看到远处水平目标，又能看到墙上高处目标。

(5) 每项检验后应立即填写经纬仪检验与校正记录表中相应项目。

七、作业及报告

每人提交 DJ_6 光学经纬仪的检验与校正实训报告一份。

实训八 DJ_6光学经纬仪的检验与校正实训报告

班级： 组别： 姓名： 日期：

使用仪器与工具		成绩	
实训目的			

DJ_6经纬仪主要轴线有哪些？各轴线应满足的条件是什么？
照准部水准管轴应垂直于仪器竖轴($LL \perp VV$)，该如何检验？
视准轴应垂直于横轴($CC \perp HH$)，应如何检验？
横轴应垂直于竖轴($HH \perp VV$)，应如何检验？
实训总结：

实训九　距离测量

一、目的

(1)掌握直线定线的方法。
(2)掌握钢尺量距的一般方法。
(3)掌握钢尺量距的精度计算。

二、内容

(1)直线定线的方法。
(2)平坦地面和倾斜地面的量距方法。
(3)距离测量的精度计算。

三、器械

经纬仪或罗盘仪 1 台,花杆 4 根,钢尺 1 个,测钎 1 组,记录夹 1 个。

四、方法与步骤

(一)直线定线

1. 目估定线

如图 9-1 所示,A、B 两点为地面上互相通视的两点,欲在 A、B 两点间的直线上定出 C、D 等分段点。定线工作可由甲、乙两人进行。

(1)定线时,先在 A、B 两点上竖立测杆,甲立于 A 点测杆后面约 1～2m 处,用眼睛自 A 点测杆后面瞄准 B 点测杆。

(2)乙持另一测杆沿 BA 方向走到离 B 点大约一尺远的 C 点附近,按照甲指挥手势左右移动测杆,直到测杆位于 AB 直线上为止,插下测杆(或测钎),定出 C 点。

(3)乙继续持测杆走到 D 点处,用同样的方法在 AB 直线上竖立测杆(或测钎),定出 D 点,依此类推。

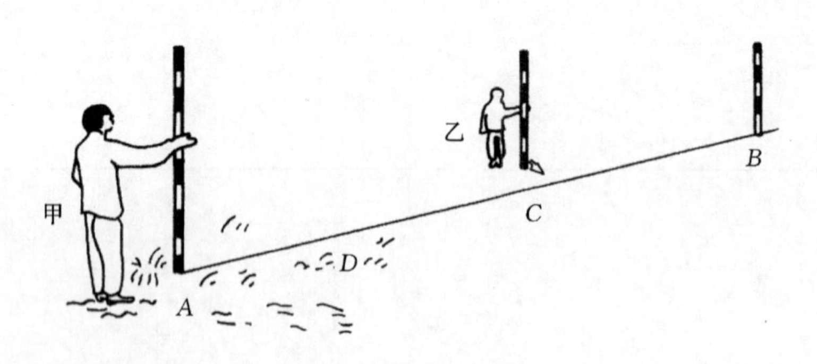

图 9-1　目估定线

2. 经纬仪定线

如图 9-2 所示，安置经纬仪于 A 点，照准 B 点，固定照准部，沿 AB 方向用钢尺进行概量，按稍短于一尺段长的位置，由经纬仪指挥打下木桩。桩顶高出地面约 10～20cm，并在桩顶钉一小钉或划十字线，使小钉或十字线在 AB 直线上，即为丈量时的标志。

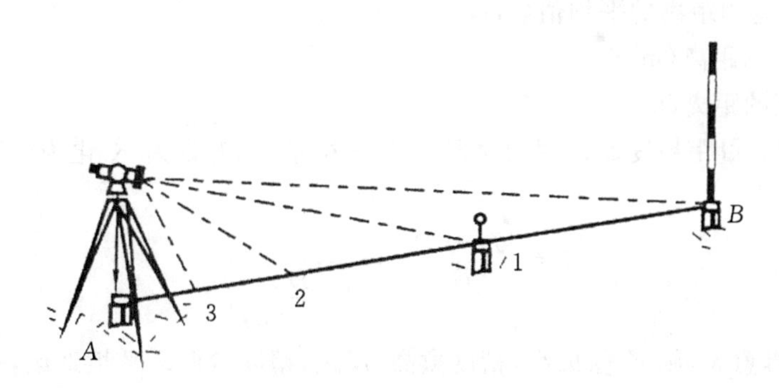

图 9-2 经纬仪定线

(二)丈量方法

1. 平坦地面上的量距方法

此方法为量距的基本方法，具体作法如下：

(1)如图 9-3 所示，量距时，先在 A、B 两点上竖立测杆(或测钎)，根据直线定线确定的点，后尺手持钢尺的零端位于 A 点，前尺手持尺的末端并携带一束测钎，沿 AB 方向前进，至一尺远处停下，两人都蹲下。

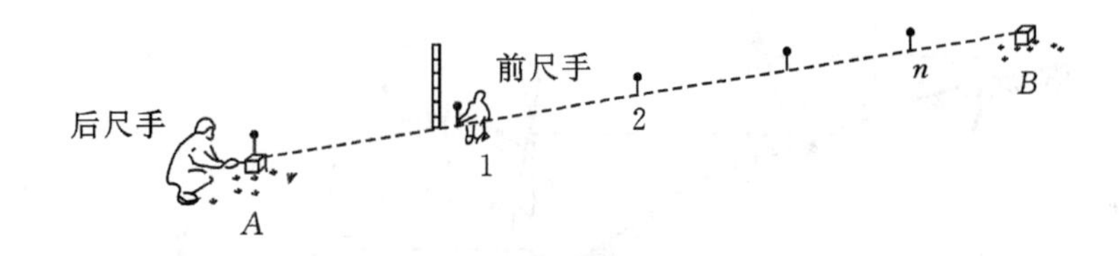

图 9-3 平坦地面上的量距方法

(2)后尺手以尺的零点对准 A 点，两人同时将钢尺拉紧、拉平、拉稳后，前尺手喊“预备”，后尺手将钢尺零点准确对准 A 点，并喊“好”，前尺手随即将测钎对准钢尺末端刻划竖直插入地面(在坚硬地面处，可用铅笔在地面划线作标记)，得 1 点。这样便完成了第一尺段 A_1 的丈量工作。

(3)后尺手与前尺手共同举尺前进，后尺手走到 1 点时，即喊“停”。同法丈量第二尺段，然后后尺手拔起 1 点上的测钎。如此继续丈量下去，直至最后量出不足一整尺的余长 q。则 A、B 两点间的水平距离

$$D_{AB}=nl+q$$

式中：n——整尺段数(即在 A、B 两点之间所拔测钎数)；

l——钢尺长度(m)；

q——不足一整尺的余长(m)。

为了防止丈量错误和提高精度，一般还应由 B 点量至 A 点进行返测，返测时应重新进行定线。取往、返测距离的平均值作为直线 AB 最终的水平距离，计算公式如下：

$$D_{av}=\frac{1}{2}(D_f+D_b)$$

式中：D_{av}——往、返测距离的平均值(m)；

D_f——往测的距离(m)；

D_b——返测的距离(m)。

(4)量距精度。量距精度通常用相对误差 K 来衡量，相对误差 K 化为分子为 1 的分数形式，即

$$K=\frac{|D_f-D_b|}{D_{av}}=\frac{1}{\frac{D_{av}}{|D_f-D_b|}}$$

相对误差分母愈大，则 K 值愈小，精度愈高；反之，精度愈低。平坦地区，一般方法的相对误差一般不应大于 1/3000；在量距较困难的地区，其相对误差也不应大于 1/1000。

2.倾斜地面上的量距方法

(1)平量法。如果地面起伏不大时，可将钢尺拉平进行丈量。如图 9－4 所示，丈量时，后尺手以尺的零点对准地面 A 点，前尺手将钢尺抬高并目估使尺水平，将垂球绳紧靠钢尺上某一分划，用垂球尖投影于地面上，再插以插钎，得 1 点。此时钢尺上分划读数即为 A、1 两点间的水平距离。同法继续丈量其余各尺段。当丈量至 B 点时，应注意垂球尖必须对准 B 点。各测段丈量结果的总和就是 A、B 两点间的往测水平距离。为了方便起见，返测也应由高向低丈量。若精度符合要求，则取往、返测的平均值作为最后结果。

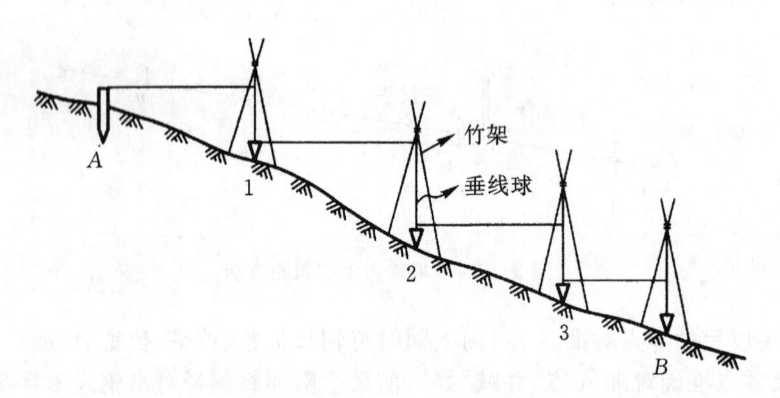

图 9－4　平量法

(2)斜量法。当倾斜地面的坡度比较均匀时，如图 9－5 所示，可以沿倾斜地面丈量出 A、B 两点间的斜距 L，用经纬仪测出直线 AB 的倾斜角 α，或测量出 A、B 两点的高差 h_{AB}，然后计算 AB 的水平距离 D_{AB}。D_{AB} 的计算公式如下：

$$D_{AB}=L_{AB}\cos\alpha \text{ 或 } D_{AB}=\sqrt{L_{AB}^2-h_{AB}^2}$$

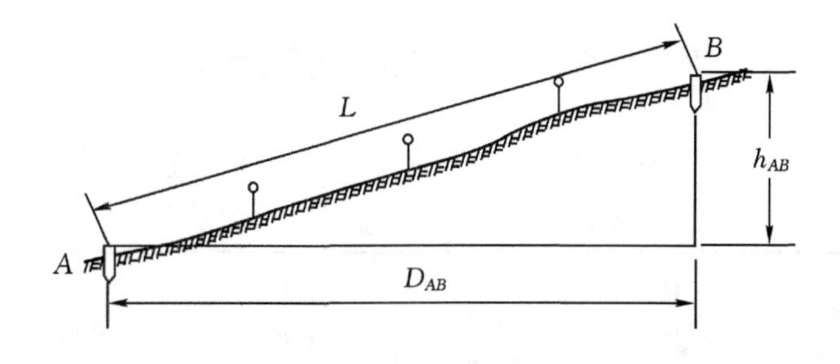

图 9－5 斜量法

五、注意事项

(1)注意钢尺零刻线及终端刻线的位置,以及米、分米的注记特点,以防读错。

(2)钢尺应抬平,拉力应力求均匀。在斜坡或坑洼不平地带,则利用测杆或垂球将尺的端点投在地面上以直接丈量水平距离。

(3)每一尺段端点的定线要准确,使钢尺在直线内丈量。

六、作业及报告

(1)每组提交距离测量记录表一份。

(2)每组提交距离测量实训报告一份。

实训九　距离测量记录表

日期：　　　　　　　　天　气：　　　　　　　　组　别：

仪器：　　　　　　　　观测者：　　　　　　　　记录者：

线段名称	观测次数	整尺段数 n	余长 q(m)	线段长度 D(m)	平均长度 $\overline{D}$(m)	相对误差	备注

实训九 距离测量实训报告

班级： 组别： 姓名： 日期：

使用仪器与工具		成绩	
实训目的			

直线定线的目的是什么？
直线定线的方法有哪些？各适应何种情况？
距离测量精度如何计算？有何要求？
距离测量应注意什么？
实训总结：

实训十　罗盘仪的认识与定向

一、目的

(1)了解罗盘仪的构造及使用方法。

(2)掌握罗盘仪测定方位角的方法。

二、内容

(1)罗盘仪的构造及功能。

(2)方位角的测定。

三、器械

每组罗盘仪 1 台,花杆 2 根,记录夹 1 个。

四、方法与步骤

罗盘仪是测定磁方位角的仪器,主要用于测定直线的方位角,确定图纸的方向,在精度要求较低时也可用于测图。

(一)罗盘仪的构造

罗盘仪主要由磁针、刻度盘和望远镜三部分组成,如图 10-1 所示。

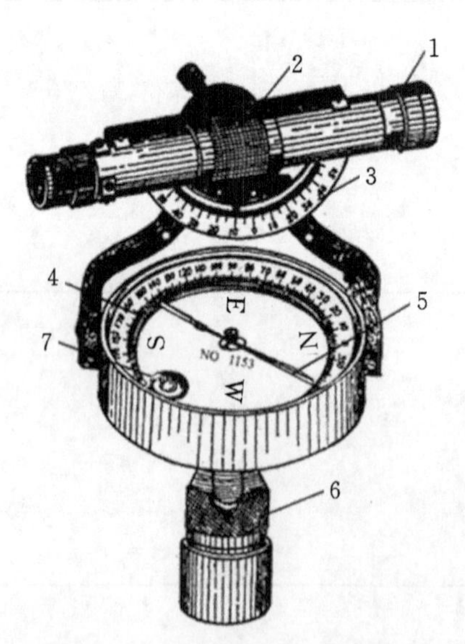

1—望远镜;2—对光螺旋;3—竖直度盘;4—水平度盘;
5—磁针;6—球形支柱;7—圆水准器

图 10-1　罗盘仪的构造

(二)磁方位角的测定方法

(1)安置仪器。首先将三脚架支开安放在欲测直线的一个端点上,移动整个三脚架或个别的架腿,使垂球的尖端对准测站中心(称为对中)。误差一般要求不超过 1～2cm,然后将仪器安置于架头上,稍松球臼螺旋,用双手轻轻扳动罗盒,使两水准器的气泡同时居中后,拧紧球臼螺旋,罗盘盒即成水平位置,称为整平。如图 10－2 所示。

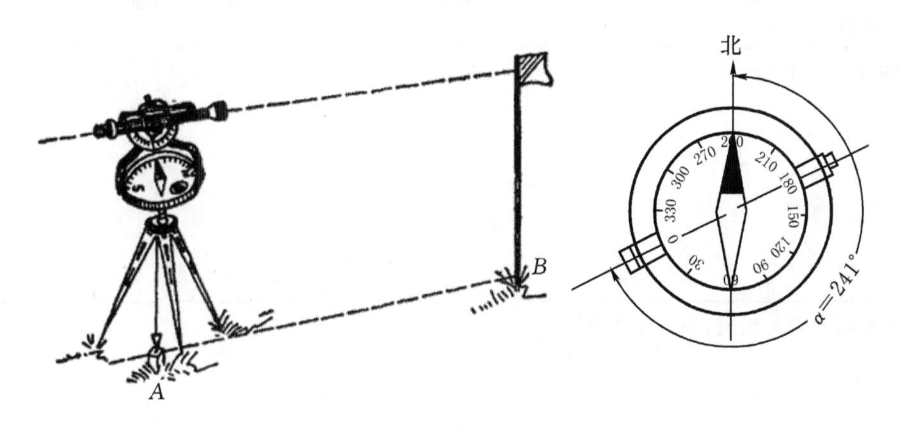

图 10－2 磁方位角的测定

(2)瞄准。瞄准前先把磁针松开,然后将望远镜制动螺旋和水平制动螺旋松开,转动仪器,利用照门和准星大致瞄准目标,拧紧水平制动螺旋及望远镜,制动螺旋,旋转目镜使十字丝清晰,旋转对光螺旋使物像清晰。再稍动水平制动螺旋,左右微动罗盘盒,使十字丝交点正对目标中心,最后拧紧水平制动螺旋。

(3)读数。顺着静止的磁针,沿注记增大方向,读出磁针北端(不绕铜线的一端)所指的读数,即得所测直线的磁方位角。如图 10－2 所示。

五、注意事项

(1)导线点勿选在高压线、钢铁构造物、变压器等附近,以避免局部引力。

(2)罗盘仪在每个导线点上对中整平后,不要忘记放松磁钉,并轻敲玻璃盖,以防磁针粘在玻璃盖上,并注意磁针转动是否灵活。

(3)用望远镜瞄准目标时,须首先旋转目镜调清十字丝,通过望远镜上方的准星大致瞄准目标;用对光螺旋调清物象,微微转动望远镜,使十字丝交点正对目标中心,然后固定竖轴。

(4)注意度盘的刻度注记是按逆时针方向增加,读数应逆时针,由少向多的注记方向读取。读数时顺磁针方向在磁针北端(不缠铜丝的一端)读数。

六、作业及报告

每人提交罗盘仪测量实训报告一份。

实训十　罗盘仪测量实训报告

班级：　　　　　　　组别：　　　　　　　姓名：　　　　　　　日期：

<table>
<tr><td>使用仪器与工具</td><td></td><td rowspan="2">成绩</td><td rowspan="2"></td></tr>
<tr><td>实训目的</td><td></td></tr>
<tr><td colspan="4">直线定向的目的是什么？</td></tr>
<tr><td colspan="4">罗盘仪主要由哪几部分组成，各有什么作用？</td></tr>
<tr><td colspan="4">罗盘仪测量主要应用于哪些方面？</td></tr>
<tr><td colspan="4">罗盘仪测量应注意什么？</td></tr>
<tr><td colspan="4">实训总结：</td></tr>
</table>

实训十一　全站仪的构造及使用

一、目的

(1)了解全站仪的基本结构与性能及各操作部件的名称和作用。

(2)了解全站仪键盘上各按键的名称及其功能、显示符号的含义并熟悉使用方法。

(3)掌握全站仪的安置方法。

二、内容

(1)安置全站仪。

(2)角度、距离的测量。

(3)坐标的测量。

三、器械

全站仪 1 台,括棱镜 2 个,棱镜杆 1 个,棱镜脚架 1 个,记录板 1 块,测伞 1 把。

四、方法与步骤(以科力达 KTS440RLC 为例)

1. 全站仪的基本组成与性能

全站型电子速测仪,又称电子速测仪(简称全站仪),其构造如图 11-1 所示。

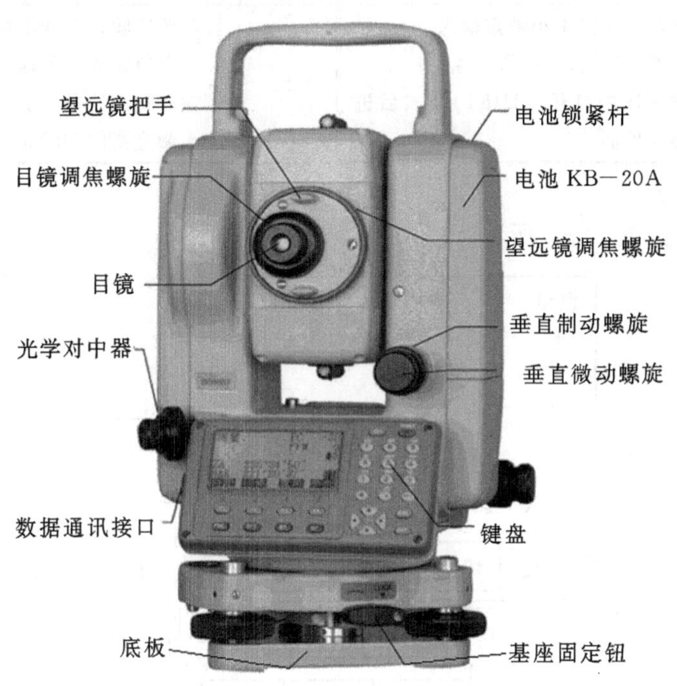

图 11-1　全站仪的构造

全站仪由光电测距仪(可测斜距、平距、高差,可相互切换)、电子经纬仪(可测水平角、竖直角等)、数据终端机(数据记录兼数据处理)三部分组成。

2. **操作键功能**

全站仪键盘上各按键的名称及功能如表 11-1 所示。

表 11-1 操作键名称和功能

名称	功能	名称	功能
ESC	取消前一项操作;退回到前一个显示屏或前一个模式	ENT	确认输入或存入该行数据并换行
FNC	1. 软件功能菜单,翻页 2. 在放样、对边等功能中可输入目标高功能	▲	1. 光标上移或上移选取选择项 2. 在数据列表和查找中查阅上一个数据
SFT	打开或关闭转换(SHIFT)模式(在输入法中切换字母和数字功能)	▼	1. 光标下移或下移选取选择项 2. 在数据列表和查找中查阅上一个数据
BS	删除左边一空格	◀	1. 光标左移或左移选取选择项 2. 在数据列表和查找中查阅上一页数据
SP	1. 在输入法中输入空格 2. 在非输入法中为修改测距参数功能	▶	1. 光标右移或右移选取选择项 2. 在数据列表和查找中查阅下一页数据
STUGHI 1～9	字母输入(输入按键上方字母)	1～9	数字或选取菜单项
.	1. 在数字输入功能中小数点输入 2. 在字符输入法可输入:\ # 3. 在非输入法中打开(SHIFT)模式后进入自动补偿界面	±	1. 在数字输入功能中输入负号 2. 在字符输入法可输入:* / + 3. 在非输入法中打开(SHIFT)模式后可进入激光指向和激光对中界面

3. **测量模式界面**

测量模式界面如图 11-2 所示。

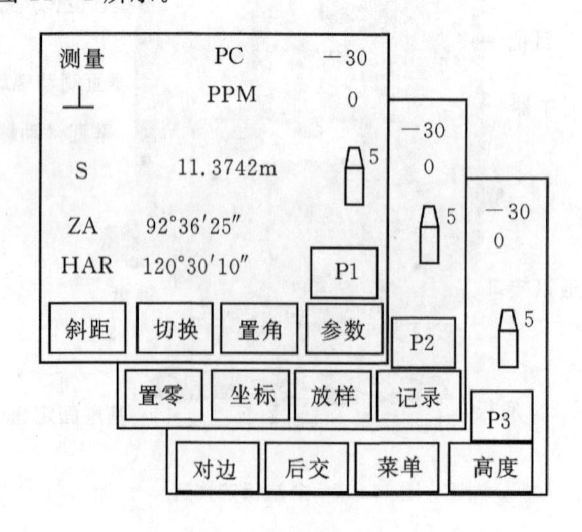

图 11-2 测量模式界面

测量模式名称功能表如表 11－2 所示。

表 11－2　测量模式名称功能表

页数	名　称	功　能
P1	斜　距	开始距离测量(平距或高差)
	切　换	选择测距类型(在平距、斜距高差之间切换)
	置　角	预置水平角
	参　数	距离测量参数设置
P2	置　零	水平角置零
	坐　标	开始坐标测量
	放　样	开始放样测量
	记　录	记录观测数据
P3	对　边	开始对边测量
	后　交	开始后方交会测量
	菜　单	显示菜单模式
	高　度	设置仪器高和目标高

4. 结构模式

全站仪结构模式主要有:测量模式、记录模式、菜单模式、存储模式、设置模式。如图11－3所示。

5. 全站仪安置（整平与对中）

(1) 架设三脚架。

首先将三脚架三个固定螺旋松开,三脚架不分开时的高度略低于观测者肩膀;拧紧三个固定螺旋;打开三脚架安置于测站上;使三脚架的中心与测点近似位于同一铅锤线上。

(2)将仪器安置到三脚架上。

将仪器小心地安置到三脚架顶面上,然后轻轻拧紧连接螺旋。

(3)用光学或激光对中器对中。

根据观测者的视力调节光学对中器望远镜的目镜(或打开激光对中开关,如按“SFT”、“±”键),两手分别握住两个三脚架腿移动,使对中器中心对准测站点标志的中心。

(4)利用圆水准器粗平仪器。

根据圆水准器偏移的情况,利用升降三脚架长度的方法使圆水准器气泡居中,在水准器气泡低的方向的架腿松开固定螺旋,升高使气泡向中心移动;在水准器气泡高的方向的架腿松开固定螺旋,降低使气泡向中心移动。注意此操作不能移动角架的位置。

(5)精确对中和整平。

①对中。松开中心连接螺旋、轻移仪器,将光学对中器的中心(或激光点)标志对准测站点,然后拧紧连接螺旋。在轻移仪器时不要让仪器在架头上有转动,以尽可能减少气泡的偏移。

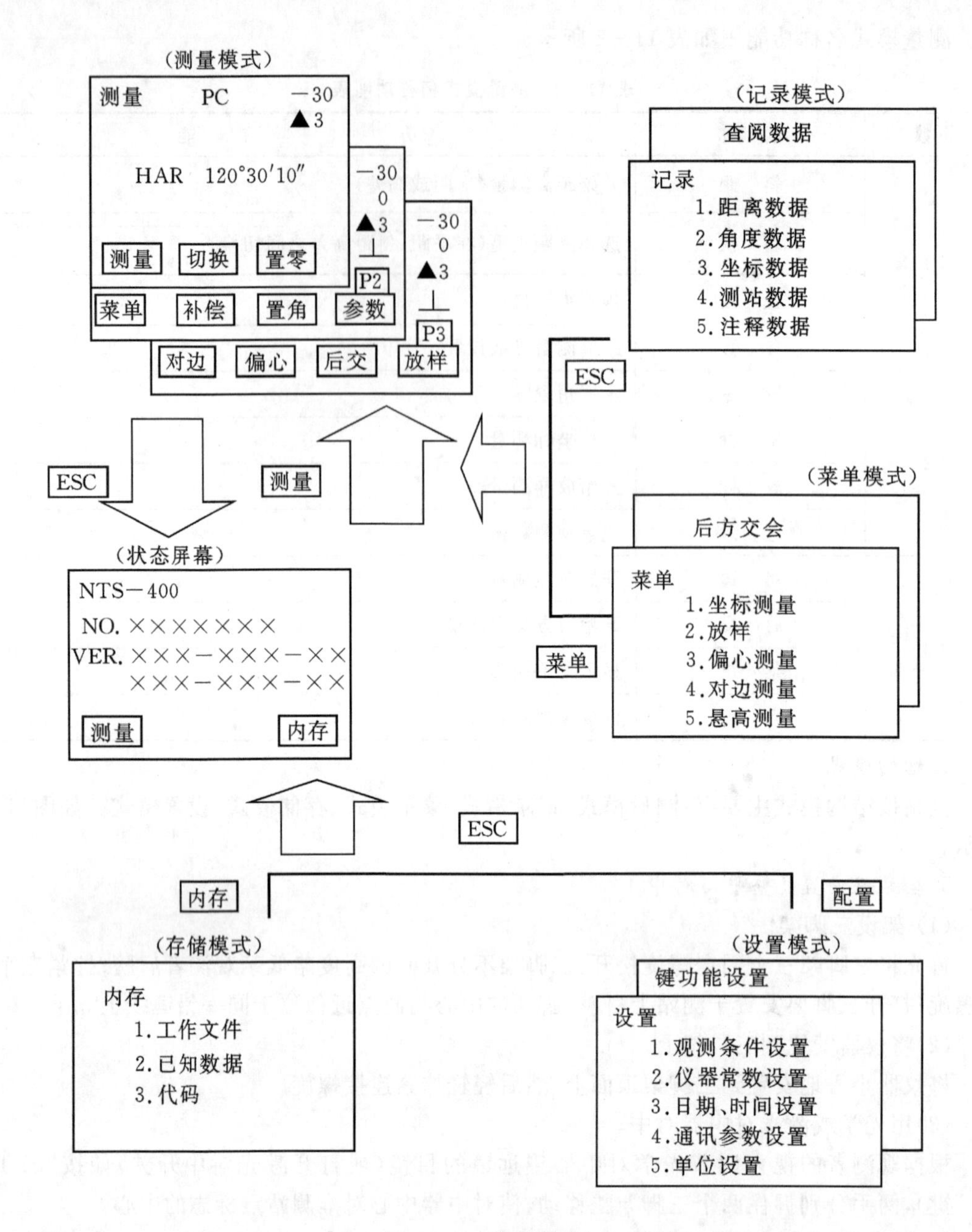

图 11－3　结构模式

②利用管水准器精平仪器。松开水平制动螺旋，转动仪器，使管水准器平行于某一对脚螺旋 1、2 的连线，旋转脚螺旋 1、2，使管水准器气泡居中。将仪器绕竖轴旋转 90°，再旋转另一个脚螺旋 3，使管水准器气泡居中（在旋转脚螺旋 3 时，绝不能再旋转 1、2 两个脚螺旋）。如图 11－4所示。

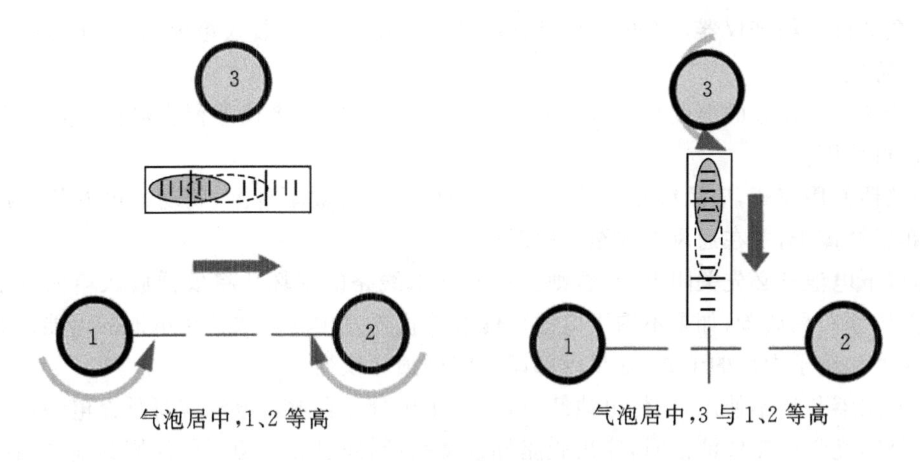

图 11-4　精准整平

以上精确整平仪器的步骤，要反复多次，直到仪器旋转到任何位置时，仪器中心不偏离测站点，管水准器气泡始终居中为止。

6. **反射棱镜安置**

全站仪在进行距离测量等作业时，需在目标处放置反射棱镜。反射棱镜有单棱镜和多棱镜组，可通过基座连接器将棱镜组与基座连接，再安置到三脚架上，也可直接安置在对中杆上。

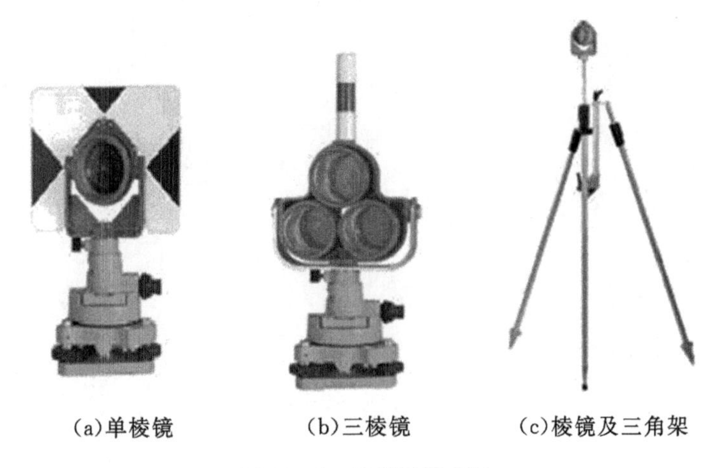

图 11-5　反射棱镜安置

7. **测量**

安置工作完成后，可在全站仪上按不同的模式进行测量。

8. **注意事项**

(1)严禁将仪器直接置于地上，以免尘土对仪器、中心螺旋及螺孔造成损坏。

(2)作业前应仔细、全面检查仪器，确定电源、仪器各项指标、功能、初始设置和改正参数均符合要求后，再进行测量。

(3)在烈日、雨天或潮湿环境下作业时，请务必在测伞的遮掩下进行，以免影响仪器的精度或损坏仪器。此外，在烈日下作业应避免将物镜直接对准太阳，若需要可安装滤光镜。

(4)全站仪是精密仪器，务必小心轻放，使用完毕时应将其装入箱内，置于干燥处，注意防震、防潮、防尘。

(5)若仪器工作处的温度与存放处的温度相差太大，应先将仪器留在箱内，直至其适应环境温度后再使用。

(6)仪器使用完毕，应用绒布或毛刷清除表面灰尘；若被雨淋湿，切勿通电开机，应该用干净的软布轻拭擦干，并在通风处放至一段时间。

(7)取下电池务必先关闭电源，否则会造成内部线路的损坏。将仪器放入箱内，必须先取下电池并按原布局放置；如果不取下电池可能会使仪器发生故障或耗尽电池的电能。关箱时，应确保仪器和箱子内部的干燥，如果内部潮湿将会损坏仪器。

(8)若仪器长期不使用，应将电池卸下，并与主机分开存放。电池应每月充电一次。

(9)外露光学件需要清洁时，应用脱脂棉或镜头纸轻轻擦净，切不可使用其他物品擦拭。

(10)仪器运输时应将其置于箱内，运输时应小心，避免挤压、碰撞和剧烈震动。长途运输最好在箱子周围放一些软垫。

(11)若发现仪器功能异常，非专业维修人员不可擅自拆开仪器，以免发生不必要的工作。

五、作业及报告

每人提交全站仪的构造及作用实训报告一份。

实训十一　全站仪的构造及使用实训报告

班级：　　　　　组别：　　　　　姓名：　　　　　日期：

<table>
<tr><td>使用仪器与工具</td><td></td><td rowspan="2">成绩</td><td rowspan="2"></td></tr>
<tr><td>实训目的</td><td></td></tr>
<tr><td colspan="4">全站仪的基本组成与性能有哪些？</td></tr>
<tr><td colspan="4">从全站仪菜单中可以看出，全站仪可进行哪些测量工作？</td></tr>
<tr><td colspan="4">怎样能又快又好的安置仪器？</td></tr>
<tr><td colspan="4">全站仪使用中应注意哪些问题？</td></tr>
<tr><td colspan="4">实训总结：</td></tr>
</table>

实训十二　全站仪距离和角度测量

一、目的

(1)进一步了解全站仪的使用和安置。

(2)掌握全站仪测距、测角的方法。

二、内容

(1)全站仪的安置。

(2)全站仪测距、测角练习。

三、器械

全站仪1台,括棱镜2个,棱镜杆1个,棱镜脚架1个,记录板1块,测伞1把。

四、方法与步骤

1.角度测量

(1)在选定的测站点上安置全站仪(对中、整平)。

(2)从显示屏上确定是否处于角度测量模式,如果不是,则按操作转换键"FNC"进入角度测量模式。

(3)盘左瞄准左目标A,按"置零"键两次,使水平度盘读数显示为0°00′00″,顺时针旋转照准部,瞄准右目标B,读取显示读数即为所测水平角。

(4)倒转望远镜,以同样方法可以进行盘右观测。

(5)如果测竖直角,可在读取水平度盘的同时读取竖盘的显示读数。

2.距离测量

(1)设置棱镜常数。测距前须将棱镜常数输入仪器中,仪器会自动对所测距离进行改正(一般棱镜常数为−30mm,棱镜片常数为0)。

(2)设置大气改正值或气温、气压值。光在大气中的传播速度会随大气的温度和气压而变化,15℃和760mmHg是仪器设置的一个标准值,此时的大气改正值为0ppm。实测时,可输入当时的温度和气压值,全站仪会自动计算大气改正值(也可直接输入大气改正值),并对测距结果进行改正。

(3)量仪器高、棱镜高并输入全站仪。

(4)距离测量。

照准目标棱镜中心,按"测距"键,距离测量开始,测距完成时显示测定的距离,可按切换键在S(斜距)、H(平距)、V(高差)间转换。

全站仪的测距模式有精测模式、跟踪模式、粗测模式三种。精测模式是最常用的测距模式,测量时间约2.5s,最小显示单位为1mm;跟踪模式,常用于跟踪移动目标或放样时连续测距,最小显示一般为1cm,每次测距时间约0.3s;粗测模式,测量时间约0.7s,最小显示单位1cm或1mm。在距离测量或坐标测量时,可按测距模式"MODE"键选择不同的测距模式。

五、精度要求

(1)一测回角值差不超过±20″,取平均值作为最后结果。

(2)两次测距精度在1/5000时,取平均值作为最后结果。

六、注意事项

(1)角度测量时,应瞄准目标的基部。

(2)距离测量时,每次要进行参数设置。

(3)所测距离,应用切换键在S(斜距)、H(平距)、V(高差)间转换,并选择所需数值。

七、作业及报告

(1)每人提交全站仪测量记录表一份。

(2)每人提交全站仪的构造及使用实训报告一份。

实训十二　全站仪测量记录表

日 期：　　　　　　天 气：　　　　　　组 别：

仪 器：　　　　　　观测者：　　　　　　记录者：

测站	测点	水平角	水平距离	测站	测点	水平角	水平距离	备注

实训十二 全站仪的构造及使用实训报告

班级：　　　　组别：　　　　姓名：　　　　日期：

<table>
<tr><td>使用仪器与工具</td><td></td><td rowspan="2">成绩</td><td rowspan="2"></td></tr>
<tr><td>实训目的</td><td></td></tr>
<tr><td colspan="4">全站仪光电测距的原理是什么？</td></tr>
<tr><td colspan="4">全站仪测水平角与经纬仪测水平角有什么不同？</td></tr>
<tr><td colspan="4">全站仪测距前要作哪些设置？测得结果怎样选择？</td></tr>
<tr><td colspan="4">全站仪测距、测角中应注意哪些问题？</td></tr>
<tr><td colspan="4">实训总结：</td></tr>
</table>

实训十三 全站仪坐标测量

一、目的

(1)掌握全站仪坐标测量的方法步骤。

(2)练习全站仪数据的输入方法。

二、内容

(1)坐标测量中测站设置、后视设置、测量的方法。

(2)至少测量五点的坐标,并会转点。

三、器械

全站仪 1 台,括棱镜 2 个,棱镜杆 1 个,棱镜脚架 1 个,记录板 1 块,测伞 1 把。

四、方法与步骤

坐标测量是指通过输入同一坐标系统的测站点和定向点的坐标,可以测量未知点(棱镜)在该系统中的坐标。

1. 设置测站

(1)量取仪器高和目标高。

(2)进入测量模式,选取“坐标”键进入坐标测量屏幕。

(3)选取“测站”键,进入“测站定向”。

(4)选取“测站坐标”,输入测站坐标、点名、仪器高。

(5)OK 确定并“记录”,存储输入的坐标值。

2. 设置后视

(1)在坐标测量屏幕下选取“测站”键,再选取“测站定向”。

(2)点击“OK”确认,输入后视点坐标值。

(3)严格照准后视点,按“YES”键,仪器自动计算出方位角,设置结束。

3. 三维坐标测量

(1)照准待测目标点上安置的棱镜。

(2)进入“测站坐标”界面。

(3)选取“测距”,开始坐标测量,屏幕上显示出目标的坐标值,记录测量数据。

(4)照准下一目标点,用同样的方法对所有目标点进行测量。

五、注意事项

必须严格按操作规程进行操作,中途出错要返回重做。

六、作业及报告

(1)每人提交全站仪坐标测量记录表一份。

(2)每人提交全站仪坐标测量实训报告一份。

实训十三 全站仪坐标测量记录表

日 期： 天 气： 组 别：

仪 器： 观测者： 记录者：

测站点坐标：$N=$ $E=$ $Z=$

后视点坐标：$N=$ $E=$ $Z=$

测站	测点	坐标			边长	水平角	后视
		N	*E*	*Z*			

实训十三　全站仪坐标测量实训报告

班级：　　　　　组别：　　　　　姓名：　　　　　日期：

使用仪器与工具		成绩	
实训目的			
全站仪坐标测量的步骤有哪些？			
为什么测量过程中棱镜高度要一致？			
输入后视点坐标，确认后，仪器要求严格照准后视点的实质是什么？			
实训总结：			

实训十四　垂准仪的使用

一、目的

(1)掌握垂准仪的构造及使用方法。

(2)掌握用垂准仪进行垂直轴线投测的方法。

二、内容

(1)垂准仪的使用方法。

(2)垂直轴线投测。

三、器械

垂准仪 1 台,2m 钢尺 1 个,线绳 20m。

四、方法与步骤

(1)±0.00 层控制点位的设置。首先,选择控制点要根据工程自身的形状和结构布置情况确定最佳的控制线。其次,在控制线上选择最合理的控制点位置。控制点位一定要避开钢筋混凝土构件和其他影响通视的不利因素,确保点位之间有良好的通视条件。如图 14-1 中 1、2、3、4 点,这些点连接起来组成了平行于主轴线的辅助轴线。

(2)点位初步确定后,一定要将点位上部的结构图看清楚,确保点位的垂直上方投影均在混凝土板面,因实际中有结构错层的情况,因此要确保每层都能投测到楼板上。

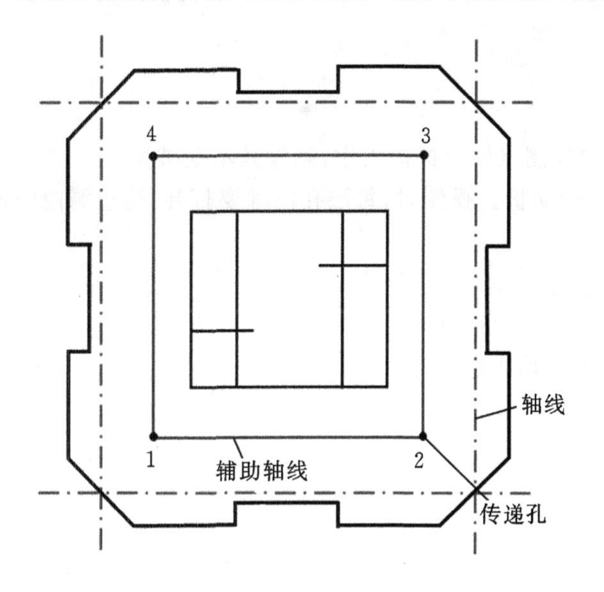

图 14-1　±0.00 层控制点图

(3)将确定好的点位进行精确的符合、校验。±0.00 层点位的精度直接决定主体结构的轴线投测精度。

(4)预留传递孔。在上层模板支撑好后，在绑钢筋之前，在模板上吊准控制点位，预留150×150的孔洞，一定要凿空。预留孔图如图12-2所示。

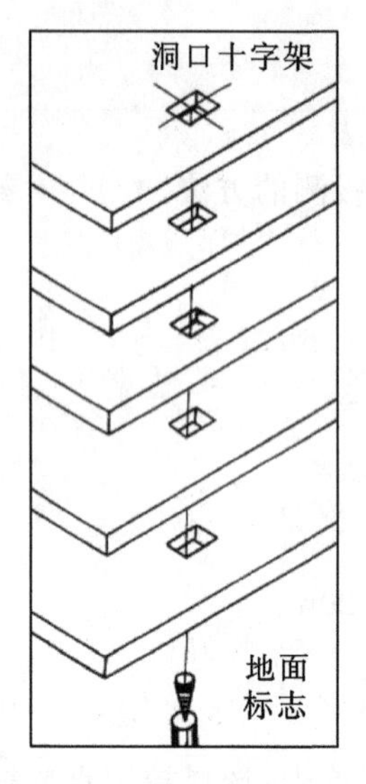

图14-2 预留孔图

(5)轴线投测。在控制点位上架设铅垂仪，用下激光对中，用水准管整平，用上激光向上投射激光束，上层用激光接收靶进行接受；并旋转垂准仪360°，看其偏心量，取中作为该楼层的投测点；用线绳成十字形标定。

(6)各投测点测定后，连接各投测点形成辅助轴线，再根据辅助轴线到主轴线的距离，平移出主轴线，完成放线。

五、注意事项

(1)做好±0.00层控制点位的保护工作，确保其不受破坏。

(2)要特别注意安全防护。投测时，每层孔洞都要打开，防止洞内的掉物，对铅垂仪造成破坏或对人员造成伤害。

六、作业及报告

每人提交垂准仪的使用实训报告一份。

实训十四 垂准仪的使用实训报告

班级： 组别： 姓名： 日期：

<table>
<tr><td>使用仪器与工具</td><td></td><td rowspan="2">成绩</td><td rowspan="2"></td></tr>
<tr><td>实训目的</td><td></td></tr>
<tr><td colspan="4">垂准仪有哪些构造？</td></tr>
<tr><td colspan="4">垂准仪的主要作用是什么 ？</td></tr>
<tr><td colspan="4">垂准仪轴线投测的主要目的是什么？</td></tr>
<tr><td colspan="4">实训总结：</td></tr>
</table>

第二部分 测量学应用实训部分

实训十五　全站仪距离和角度放样

一、目的

掌握在已知角度和距离时，用全站仪如何进行放样。

二、内容

(1)角度放样的方法。

(2)距离放样的方法。

三、器械

全站仪 1 台，棱镜 2 个，棱镜杆 1 个，棱镜脚架 1 个，记录板 1 块，测伞 1 把。

四、方法与步骤

全站仪距离和角度放样的原理是根据某参考方向转过的水平角和至测站点的距离来设定所要求的点，如图 15-1 所示。

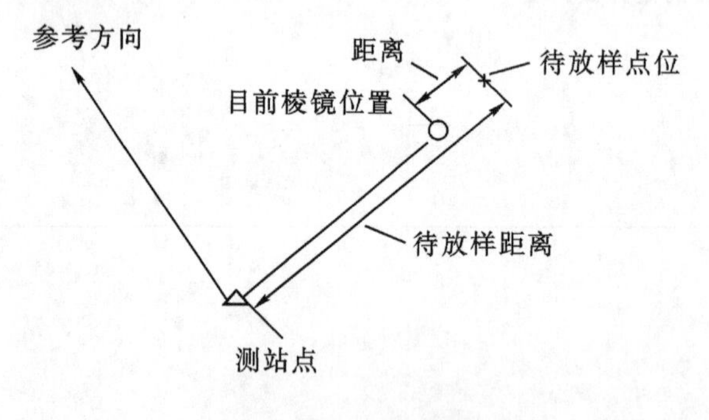

图 15-1　放样原理

其具体的方法与步骤如下：

(1)在测站点上安置全站仪(对中、整平)。

(2)照准参考方向，在测量模式第 2 页菜单下按两次“置零”，将参考方向设置为零。

(3)在测量模式第 2 页菜单下按“放样”，选取“2、放样”后按“ENT”，输入下列数据项：

①放样距离；

②放样的角度。

每输入完一数据项后按“ENT”。

(4)按“确认”、“↔”，屏幕显示的角度值为角度实测值与放样值的差值，而箭头方向为仪器照准部应转动的方向。

(5)转动仪器照准部至显示的角度值为0°(当角度实测值与放样值的差值在±30″范围内时，屏幕上显示两个箭头。此时可制动仪器，用微动调节使角度值为0°)。

(6)在望远镜照准方向上安置棱镜并照准。按“平距”开始距离放样测量。

屏幕显示值＝实测值－放样值(理论值)

按“切换”可在“斜距”→“平距”→“高差”→“坐标”→“悬高”之间转换，选取放样测量模式。

(7)当屏幕显示距离值为零时，立尺点位置即为放样点的位置。若要准确位置，应在此点上安置三脚架，放上棱镜，准确测定距离，根据显示数据，在视线方向上向前(或向后)准确量出显示值定点，将三脚架移至此点再测，直到屏幕显示距离值为零。如图15-2所示。

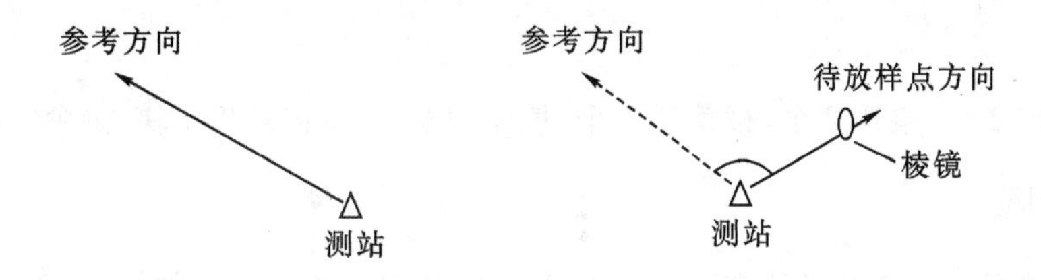

图15-2　放样方法

五、作业及报告

根据自己设定的距离和角度，写出详细的操作过程，指出存在的问题及解决的方法。

实训十六　全站仪坐标放样测量

一、目的

在已知控制点和放样点坐标的条件下，通过已知点可准确放样出待求点的位置，为施工提供依据。

二、内容

(1)全站仪坐标放样的操作程序。

(2)放样点的施测方法。

三、器械

每组全站仪 1 台，棱镜 2 个，棱镜杆 1 个，棱镜脚架 1 个，记录板 1 块，测伞 1 把。

四、方法与步骤

坐标放样测量的条件是必须有两个以上已知点，而且地面有准确的标志，用于在实地测出其他已知坐标值点的实际位置。在输入测站点、后视点和放样点的坐标后，仪器自动计算出所需水平角和平距值并存储于内部存储器中。借助于角度放样和距离放样功能便可设定待放样点的位置。如图 16-1 所示。

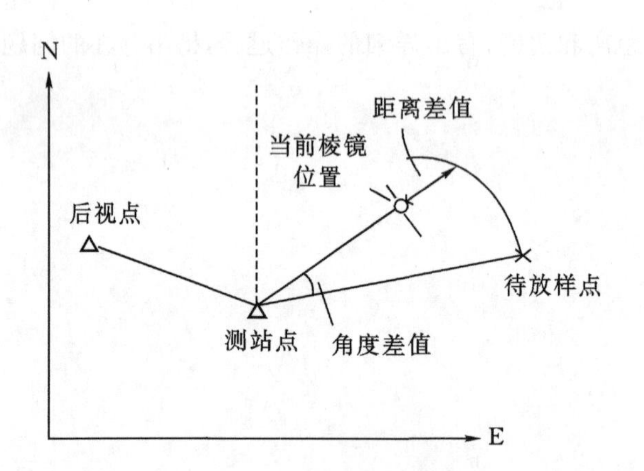

图 16-1　坐标放样原理

其具体的方法与步骤如下：

(1)安置全站仪于测站点 B，A 点为后视点，1、2、3、4 点为待放样点。如图 16-2 所示。

(2)输入测站点 B 的坐标(X_B，Y_B，Z_B)，量取仪器高并输入；输入后视点 A 的坐标(X_A，Y_A，Z_A)，转动照准部精确瞄准后视点 A 确定，完成定向。

(3)进入坐标放样。输入待测点 1 的坐标(X_1，Y_1，Z_1)及棱镜高并确认，仪器自动计算出待测点角度和距离数据。

(4)转动照准部使显示角度为 0°0′0″,水平制动,此时望远镜所指方向为待测点方向。

(5)在望远镜方向线上适当距离立棱镜测距,屏幕显示当前棱镜点所测距离与放样点计算距离的相差值,根据显示数据的正负和大小,当数据为正值时,向仪器方向移动棱镜,当数据为负值时,向远离仪器方向移动棱镜,移动的距离根据显示数据目估,每移动一次测量一次,直到所测距离显示为 0,棱镜所在点即为 1 点位置。若要准确位置,应在此点上安置棱镜三脚架,放上棱镜,准确测定距离,根据显示数据,在视线方向上向前(或向后)准确量出显示值定点,将三脚架移至此点再测,直到屏幕显示距离值为零。如图 16-2 所示。

(6)对于不同待测点的放样,如图 16-2 中的 2、3、4 等点,只要重复(3)～(5)步骤即可。

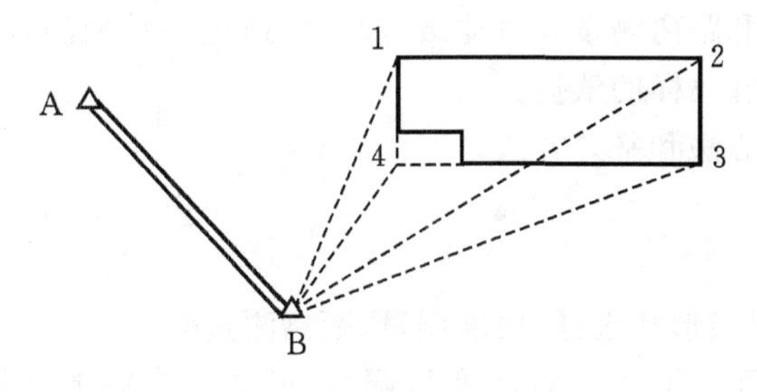

图 16-2　坐标放样方法

需注意的是,不同的全站仪放样方法虽大体相同,但也有一些区别,应根据情况进行放样。

五、作业及报告

填写放样坐标数据表(见表 16-1),写出放样步骤。

表 16-1　放样坐标数据表

测站点坐标	后视点坐标	放样点	X(m)	Y(m)	Z(m)
X= Y= Z=	X= Y= Z=	1			
		2			
		3			
		4			

实训十七　控制导线测量

用经纬仪测量转折角，用钢尺测定导线边长的导线，称为经纬仪导线；若用光电测距仪测定导线边长，则称为光电测距导线。

一、目的

(1)进一步熟悉经纬仪、全站仪的使用。

(2)掌握如何将角度和距离测量有机地结合起来，通过一系列的计算，最终推算出各导线点的坐标，作为碎部测量和放样的依据。

(3)掌握坐标计算的方法和平差方法。

二、内容

(1)外业数据采集：导线形式选择、角度测量、距离测量等。

(2)内业坐标计算：角度闭合差的计算与调整、增量闭合差的计算与调整、导线图的绘制等。

三、器械

(1)经纬仪量距导线。经纬仪1台，花杆2根，钢尺1个，记录板1块，测伞1把。

(2)光电测距导线。全站仪1台，棱镜2个，棱镜脚架2个，记录板1块，测伞1把。

四、方法与步骤

(一)导线的布设形式

1.闭合导线

导线从已知控制点和已知方向出发，经过若干个控制点，最后仍回到起点形成一个闭合多边形，这样的导线称为闭合导线。闭合导线本身存在着严密的几何条件，具有检核作用。如图17-1所示。

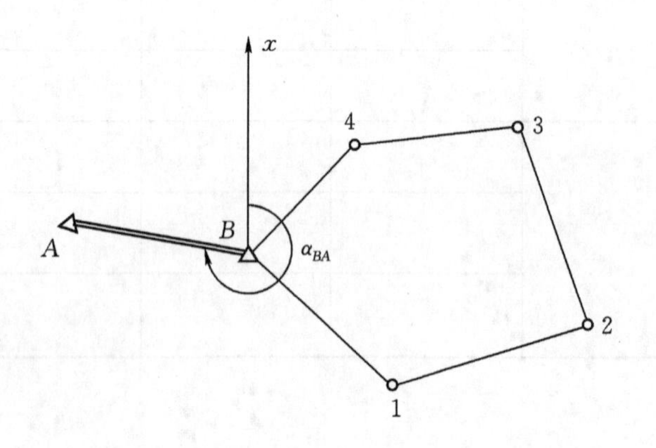

图17-1　闭合导线

2. 附合导线

导线从已知控制点和已知方向出发，经过若干个控制点，最后附合到另一已知点和已知方向上，这样的导线称为附合导线。这种布设形式，具有检核观测成果的作用。如图 17－2 所示。

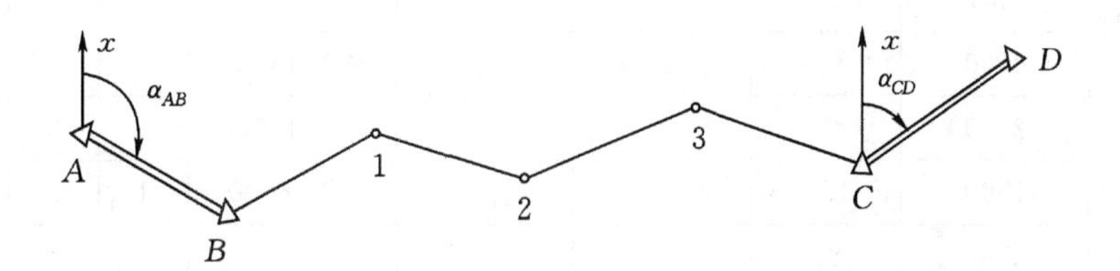

图 17－2 附合导线

3. 支导线

支导线是由一已知点和已知方向出发，既不附合到另一已知点，又不回到原起始点的导线，如图 17－3 所示。

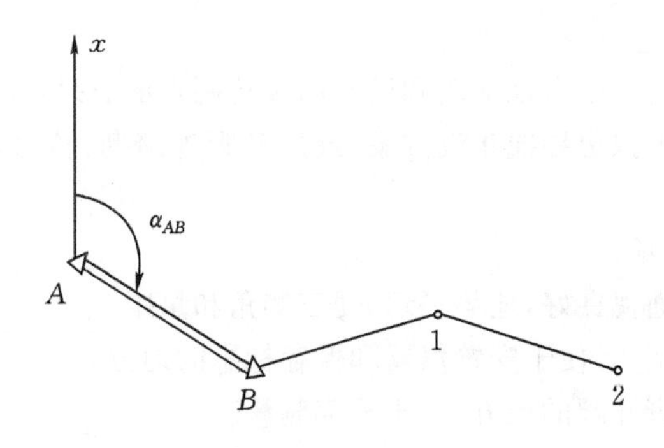

图 17－3 支导线

导线形式的选择要根据测区的已知条件选定，一般选用闭合导线灵活性强。

(二)导线测量的等级与技术要求

导线测量的等级与技术要求如表 17－1、表 17－2 所示。

表 17－1 经纬仪导线的主要技术要求

等级	测图比例尺	附合导线长度(m)	平均边长(m)	往返丈量差相对误差	测角中误差(″)	导线全长相对闭合差	测回数		方位角闭合差(″)
							DJ_2	DJ_6	
一级		2500	250	≤1/20000	≤±5	≤1/10000	2	4	$\leqslant\pm10\sqrt{n}$
二级		1800	180	≤1/15000	≤±8	≤1/7000	1	3	$\leqslant\pm16\sqrt{n}$
三级		1200	120	≤1/10000	≤±12	≤1/5000	1	2	$\leqslant\pm24\sqrt{n}$
图根	1∶500	500	75			≤1/2000		1	$\leqslant\pm60\sqrt{n}$
	1∶1000	1000	110						
	1∶2 000	2000	180						

注：n 为测站数。

表 17-2　光电测距导线的主要技术要求

等级	测图比例尺	附合导线长度（m）	平均边长（m）	测距中误差（mm）	测角中误差（″）	导线全长相对闭合差	测回数		方位角闭合差（″）
							DJ_2	DJ_6	
一级		3600	300	≤±15	≤±5	≤1/14000	2	4	$\pm10\sqrt{n}$
二级		2400	200	≤±15	≤±8	≤1/10000	1	3	$\leqslant\pm16\sqrt{n}$
三级		1500	120	≤±15	≤±12	≤1/6000	1	2	$\leqslant\pm24\sqrt{n}$
图根	1∶500	900	80			≤1/4000		1	$\leqslant\pm40\sqrt{n}$
	1∶1000	1800	150						
	1∶2000	3000	250						

注：n 为测站数。

（三）导线的外业测量

1. 踏勘选点

在选点前，应先收集测区已有地形图和已有高级控制点的成果资料，将控制点展绘在原有地形图上，然后在地形图上拟定导线布设方案，最后到野外踏勘，核对、修改、落实导线点的位置，并建立标志。

选点时应注意下列事项：

（1）相邻点间应相互通视良好，地势平坦，便于测角和量距。

（2）点位应选在土质坚实，便于安置仪器和保存标志的地方。

（3）导线点应选在视野开阔的地方，便于碎部测量。

（4）导线边长应大致相等。

（5）导线点应有足够的密度，分布均匀，便于控制整个测区。

2. 建立标志

导线点位置选定后，按需要标出临时性标志或永久性标志，必要时绘出“点之记”。

3. 导线边长测量

导线边长可用钢尺直接丈量，或用光电测距仪直接测定。

用钢尺丈量时，选用检定过的 30m 或 50m 的钢尺，导线边长应往返丈量各一次，往返丈量相对误差应满足表 17-1、表 17-2 的要求。

用光电测距仪测量时，要注意切换到水平距离。

4. 转折角测量

导线转折角的测量一般采用测回法观测。在附合导线中一般测左角；在闭合导线中，一般测内角；对于支导线，应分别观测左、右角。图根导线，一般用 DJ_6 经纬仪测一测回，当盘左、盘右两半测回角值的较差不超过±40″时，取其平均值。

5. 连接测量

将导线与高级控制点进行连接，以取得坐标和坐标方位角的起算数据，称为连接测量。

如图 17-4 所示，A、B 为已知点，1～5 为新布设的导线点，连接测量就是观测连接角和连接边的距离。如图 17-4 中的 β_B、β_1 为连接角，D_{B1} 为连接边。

如果附近无高级控制点，则应用罗盘仪测定导线起始边的磁方位角，并假定起始点的坐标作为起算数据。

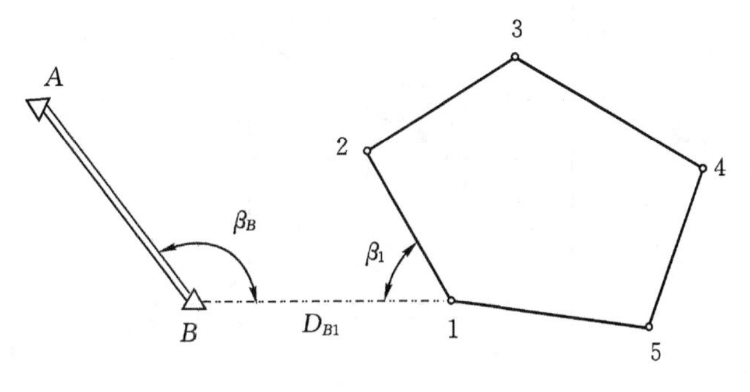

图 17-4　导线连测

(四)导线测量的内业计算

导线测量内业计算的目的就是计算各导线点的平面坐标(x,y)。

1. 绘制计算略图

计算之前，应先全面检查导线测量外业记录、数据是否齐全，有无记错、算错，成果是否符合精度要求，起算数据是否准确。然后绘制计算略图，将各项数据标注在图上的相应位置，如图 17-5 所示。

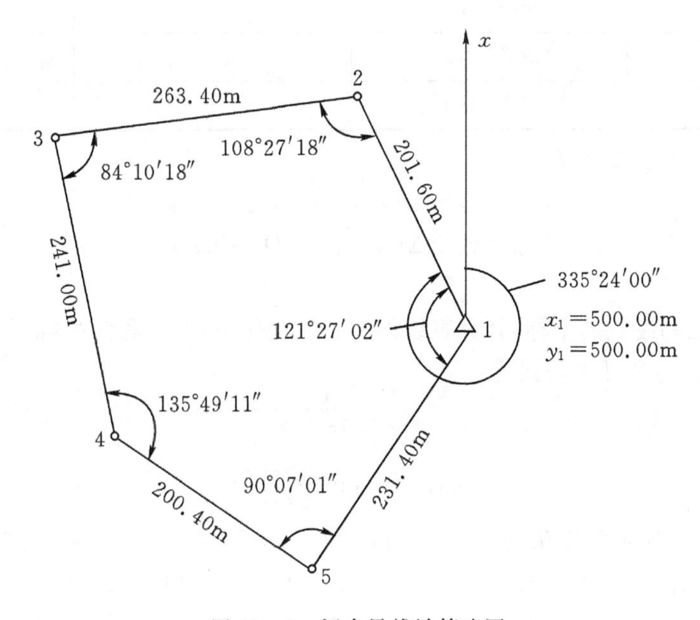

图 17-5　闭合导线计算略图

2. 坐标计算的基本公式

(1)坐标正算。如图 17-6 所示。

根据直线起点的坐标、直线长度及其坐标方位角计算直线终点的坐标，称为坐标正算。

直线两端点 A、B 的坐标值之差，称为坐标增量，用 Δx_{AB}、Δy_{AB} 表示。坐标增量的计算公式为：

$$\begin{cases}\Delta x_{AB}=x_B-x_A=D_{AB}\cos\alpha_{AB}\\ \Delta y_{AB}=y_B-y_A=D_{AB}\sin\alpha_{AB}\end{cases}$$

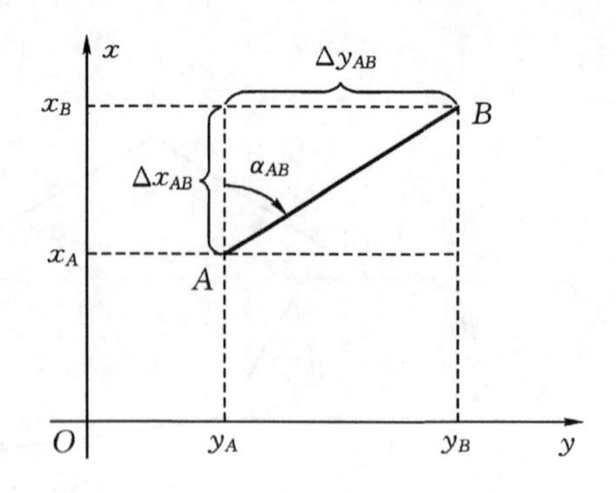

图 17-6　坐标增量计算

计算坐标增量时，sin 和 cos 函数值随着 α 角所在象限而有正负之分，因此算得的坐标增量同样具有正、负号。坐标增量正、负号的规律如表 17-3 所示。

表 17-3　坐标增量正、负号的规律

象限	坐标方位角 α	Δx	Δy
Ⅰ	0°～90°	＋	＋
Ⅱ	90°～180°	－	＋
Ⅲ	180°～270°	－	－
Ⅳ	270°～360°	＋	－

则 B 点坐标的计算公式为：

$$\begin{cases} x_B = x_A + \Delta x_{AB} = x_A + D_{AB}\cos\alpha_{AB} \\ y_B = y_A + \Delta y_{AB} = y_A + D_{AB}\sin\alpha_{AB} \end{cases}$$

(2)坐标反算。

根据直线起点和终点的坐标，计算直线的边长和坐标方位角，称为坐标反算。则直线边长 D_{AB} 和坐标方位角 α_{AB} 的计算公式为：

$$D_{AB} = \sqrt{\Delta x_{AB}^2 + \Delta y_{AB}^2}$$

$$\alpha_{AB} = \arctan\frac{\Delta y_{AB}}{\Delta x_{AB}}$$

应该注意的是，坐标方位角的角值范围在 0°～360°之间，而 arctan 函数的角值范围在 －90°～＋90°之间，两者是不一致的。按上式计算坐标方位角时，计算出的是象限角，因此，应根据坐标增量 Δx、Δy 的正、负号，确定其所在象限，再把象限角换算成相应的坐标方位角。

(五)闭合导线的坐标计算

1. 准备工作

将校核过的外业观测数据及起算数据填入“闭合导线坐标计算表”中，起算数据用单线标明。

2. 角度闭合差的计算与调整

(1)计算角度闭合差。

n 边形闭合导线内角和的理论值为：

$$\sum \beta_{理} = (n-2) \times 180°$$

式中：n——导线边数或转折角数。

由于观测水平角不可避免地含有误差，致使实测的内角之和 $\sum \beta_{测}$ 不等于理论值 $\sum \beta_{理}$，两者之差称为角度闭合差，用 f_β 表示，即

$$f_\beta = \sum \beta_{测} - \sum \beta_{理} = \sum \beta_{测} - (n-2) \times 180°$$

(2)计算角度闭合差的容许值。

角度闭合差的大小反映了水平角观测的质量。图根导线角度闭合差的容许值 $f_{\beta p}$ 的计算公式为：

$$f_{\beta p} = \pm 60'' \sqrt{n}$$

如果 $|f_\beta| > |f_{\beta p}|$，说明所测水平角不符合要求，应对水平角重新检查或重测。

如果 $|f_\beta| \leqslant |f_{\beta p}|$，说明所测水平角符合要求，可对所测水平角进行调整。

(3)计算水平角改正数。

如果角度闭合差不超过角度闭合差的容许值，则将角度闭合差反符号平均分配到各观测水平角中，也就是每个水平角加相同的改正数 v_β、v_β的计算公式为：

$$\nu_\beta = -\frac{f_\beta}{n}$$

计算检核：水平角改正数之和应与角度闭合差大小相等符号相反，如果在秒的后面是小数时，0.5 秒采用单进双不进的原则，必须满足下列条件：

$$\sum \nu_\beta = -f_\beta$$

(4)计算改正后的水平角。

改正后的水平角 $\beta_{i改}$ 等于所测水平角加上水平角改正数，其计算公式为：

$$\beta_{i改} = \beta_i + \nu_\beta$$

计算检核：改正后的闭合导线内角之和应为 $(n-2) \times 180°$。

3. 各边坐标方位角的推算

根据起始边的已知坐标方位角及改正后的水平角推算各边的坐标方位角。

(1)观测左角(闭合导线逆时针编号)时：

$$\alpha_{后} = \alpha_{前} + \beta_{左} - 180°$$

(2)观测右角(闭合导线顺时针编号)时：

$$\alpha_{后} = \alpha_{前} + 180° - \beta_{左}$$

计算检核：最后推算出起始边坐标方位角，它应与原有的起始边已知坐标方位角相等，否则说明前面计算有误，应重新检查计算。

4. 坐标增量的计算及其闭合差的调整

(1)计算坐标增量。

根据已推算出的导线各边的坐标方位角和相应边的边长，按下式计算各边的坐标增量。填入“闭合导线坐标计算表”中的 Δx、Δy 两栏的相应栏内。

$$\begin{cases} \Delta x_{AB} = D_{AB} \cos\alpha_{AB} \\ \Delta y_{AB} = D_{AB} \sin\alpha_{AB} \end{cases}$$

(2)计算坐标增量闭合差。

如图 17－7 的闭合导线，纵、横坐标增量代数和的理论值应为零，即

$$\begin{cases}\sum \Delta x_{理} = 0 \\ \sum \Delta y_{理} = 0\end{cases}$$

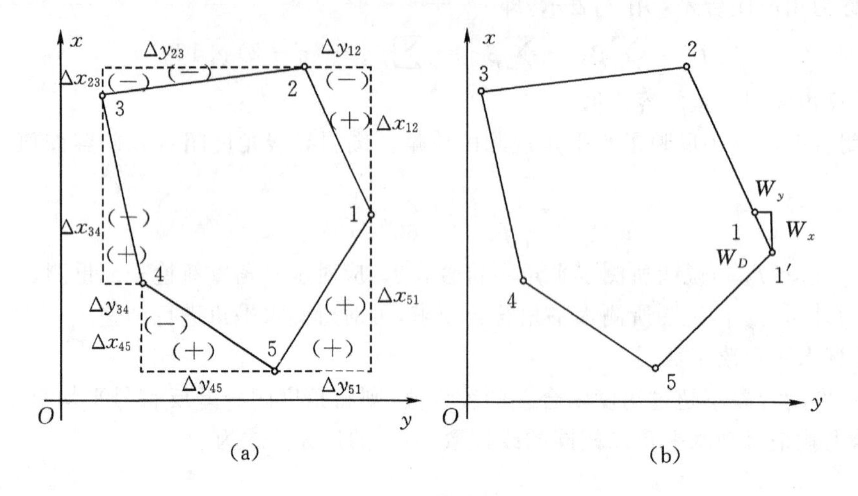

图 17－7　坐标增量闭合差

实际上由于导线边长测量误差和角度闭合差调整后的残余误差，使得实际计算所得的 Δx、Δy 不等于零，从而产生纵坐标增量闭合差 W_x 和横坐标增量闭合差 W_y，即

$$\begin{cases}W_x = \sum \Delta x_m \\ W_y = \sum \Delta y_m\end{cases}$$

(3)计算导线全长闭合差 W_D 和导线全长相对闭合差 W_K。

从图 17－7(b)可以看出，由于坐标增量闭合差 W_x、W_y 的存在，使导线不能闭合，1－1′的长度 W_D 称为导线全长闭合差，其计算公式为

$$W_D = \sqrt{W_x^2 + W_y^2}$$

仅从 W_D 值的大小还不能说明导线测量的精度，衡量导线测量的精度还应该考虑到导线的总长。将 W_D 与导线全长 $\sum D$ 相比，以分子为 1 的分数表示，称为导线全长相对闭合差 K，即

$$K = \frac{W_D}{\sum D} = \frac{1}{\sum D / W_D}$$

以导线全长相对闭合差 K 来衡量导线测量的精度，K 的分母越大，精度越高。不同等级的导线，其导线全长相对闭合差的容许值 K 参见表 17－1、表 17－2，其中经纬仪图根导线的 $K_{允}$ 为 1/2000，光电测距图根导线的 $K_{允}$ 为 1/4000。

如果 $K > K_{允}$，说明成果不合格，此时应对导线的内业计算和外业工作进行检查，必要时需重测；如果 $K \leqslant K_{允}$，说明测量成果符合精度要求，可以进行调整。

(4)调整坐标增量闭合差。

调整的原则是将 W_x、W_y 反号，并按与边长成正比的原则，分配到各边对应的纵、横坐标增

量中去。以 v_{xi}、v_{yi} 分别表示第 i 边的纵、横坐标增量改正数，即

$$\begin{cases} v_{xi} = -\dfrac{W_x}{\sum D} \cdot D_i \\ v_{yi} = -\dfrac{W_y}{\sum D} \cdot D_i \end{cases}$$

用同样的方法，计算出其他各导线边的纵、横坐标增量改正数，填入闭(附)合导线坐标计算表中相应栏中。

计算检核：纵、横坐标增量改正数之和应满足下式

$$\begin{cases} \sum v_x = -W_x \\ \sum v_y = -W_y \end{cases}$$

(5)计算改正后的坐标增量。

各边坐标增量计算值加上相应的改正数，即得各边的改正后的坐标增量，计算公式为：

$$\begin{cases} \Delta_{i改} = \Delta x_i + v_{xi} \\ \Delta y_{i改} = \Delta y_i + v_{yi} \end{cases}$$

用同样的方法，计算出其他各导线边的改正后坐标增量。

计算检核：改正后纵、横坐标增量之代数和应分别为零。

5. 计算各导线点的坐标

根据起始点 1 的已知坐标和改正后各导线边的坐标增量，按下式依次推算出各导线点的坐标：

$$\begin{cases} x_i = x_{i-1} + \Delta x_{i-1改} \\ y_i = y_{i-1} + \Delta y_{i-1改} \end{cases}$$

将推算出的各导线点坐标，填入坐标计算表中相应栏内。

最后还应再次推算起始点 1 的坐标，其值应与原有的已知值相等，以作为计算检核。

6. 坐标点的展绘

根据计算出的坐标值，在坐标方格纸上绘出导线点，将各导线点连接形成导线控制图，为地形图测绘提供依据。

五、作业及报告

(1)每人提交经纬仪导线角度测量记录表一份。

(2)每人提交全站仪导线测量观测记录表一份。

(3)每人提交闭(附)合导线坐标计算表一份。

(4)每人提交导线控制点图一份。

(5)每人提交详细的控制导线测量实训报告一份。

附:用fx-4800p计算器计算坐标增量的操作程序

一、用坐标转换功能计算

“FUNCION”→“5”→“1”指定角度单位。

“FUNCION”→“1”→“▼”→“6” 输入边长如“2”,“,”输入角度如“60°”,“00′”,“00″” 每次按一下“°′″”,“)”,“EXE”,显示

$X=?,Y=?$。

以后计算重复:“FUNCION”→“1”→“▼”→“6” 输入边长如“2”“,”输入角度如“60°”“00′”“00″”,每次按一下“°′″”,“)”,“EXE”

显示 $X=?,Y=?$。

二、用公式存储器计算

(1)设增量计算公式:

$$\triangle x=A\times\cos B,\triangle y=A\times\sin B。$$

(2)操作:①设定角度单位:“FUNCION”→“5”→ “1” 指定角度单位。

②输入公式:

“AC”“SHIFT”“ALPHA”“X”“=”“A”“ALPHA” “×”“cos”“ALPHA”“B”“SHIFT”“⊿”

“SHIFT” “ALPHA” “y” “=” “A” “ALPHA” “×” “sin” “ALPHA” “B”

(3)将以上公式存入存储器:“SHIFT”“IN”。

(4)开始运算:“CALC”,输入 A(边长) “EXE”输入 B(方位角),“EXE”,“EXE”显示△X值 “EXE”,显示△Y值。

再按“EXE”输入下一组:A(边长) “EXE” 输入 B(方位角)“EXE”进行重复计算。

实训十七　　经纬仪导线角度测量记录表

日期：　　　　　　　　天　气：　　　　　　　　组　别：

仪器：　　　　　　　　观测者：　　　　　　　　记录者：

测站	竖盘位置	测点	水平度盘读数	半测回角值	一测回角值	各测回平均值

实训十七　全站仪导线测量观测记录表

日期：　　　　　　　　　天　气：　　　　　　　　　组别：

仪器：　　　　　　　　　观测者：　　　　　　　　　记录：

测站	目标	竖盘位置	水平角	平均角度	水平距离	高差	目标	平均距离	平均高差	备注
		左								
		右								
		左								
		右								
		左								
		右								
		左								
		右								
		左								
		右								
		左								
		右								
		左								
		右								

实训十七　闭(附)合导线坐标计算表

点号	观测角（左角）	改正数 ″	改正角	坐标方位角 α	距离 D(m)	增量计算值		坐标改正数		改正后增量		坐标值	
						Δx(m)	Δy(m)	$V_{\Delta x}$	$V_{\Delta y}$	Δx(m)	Δy(m)	x(m)	y(m)
1	2	3	4=2+3	5	6	7	8	9	10	11	12	13	14
辅助计算													

实训十八　四等水准测量

一、目的

(1)掌握四等水准测量的观测、记录、计算方法。

(2)熟悉四等水准测量的主要技术指标,掌握测站及水准路线的检核方法。

二、内容

(1)四等水准测量的操作程序。

(2)四等水准测量的计算方法。

三、器械

DS_3微倾式水准仪1台,双面水准尺1对,尺垫2个,记录板1块,测伞1把。

四、方法与步骤

由教师指定一已知水准点,选定一条闭合水准路线,其长度以安置8个测站为宜。一人观测、一人记录、两人立尺,施测两个测站后应轮换工种。

四等水准测量测站观测程序如下:

照准后视标尺黑面,精平,读取下丝(1)、上丝(2),中丝读数(3),对应填入四等水准测量观测记录表;

照准前视标尺黑面,精平,读取下丝(4)、上丝(5),中丝读数(6),对应填入四等水准测量观测记录表;

照准前视标尺红面,精平,读取中丝读数(7)对应填入四等水准测量观测记录表;

照准后视标尺红面,精平,读取中丝读数(8)对应填入四等水准测量观测记录表。

这种观测顺序简称为"后前前后"(黑、黑、红、红)。四等水准测量每站观测顺序也可采用"后后前前"(黑、红、黑、红)的观测程序。

当测站观测记录完毕,应立即计算并按表18-1中各项限差要求进行检查。若测站上有关限差超限,在本站检查发现后可立即重测。若迁站后检查发现,则应从水准点或间歇点起,重新观测。

依次设站,按相同方法施测直至全路线施测完毕。

对整条路线高差和视距进行检核,计算高差闭合差。

五、四等水准测量技术要求

四等水准测量技术要求,如表18-1所示。

表18-1　四等水准测量技术要求

视线长度	前后视距差	前后视距累积差	黑红面读数差	黑红面高差之差	高差闭合差
≤80 m	≤5.0 m	≤10.0 m	≤3.0 mm	≤5.0 mm	$\leqslant\pm 20\sqrt{L}$

注:L为水准路线总长(km)。

六、注意事项

(1)严守作业规定,不合要求者应自觉返工重测。

(2)小组成员的工种轮换应做到使每人都能担任每一项工种。

(3)测站数应为偶数。要用步测使前后视距离大致相等,在施测过程中,注意调整前后视距离,使前后视距累积差不致超限。

(4)各项检核合格,且水准路线高差闭合差在容许范围内,方可收测。

七、作业及报告

(1)每人提交四等水准测量观测记录表一份。

(2)每人提交闭(附)合水准路线成果计算表一份。

(3)每人提交四等水准测量实训报告一份。

实训十八　四等水准测量观测记录表

日期：　　　　　　　　天　气：　　　　　　　　组别：

仪器：　　　　　　　　观测者：　　　　　　　　记录：

测站编号	测点编号	后尺 下丝	前尺 下丝	方向及尺号	标尺读数(m)		K加黑减红(mm)	高差中数(m)	备　注
		后尺 上丝	前尺 上丝						
		后距	前距		黑面	红面			
		视距差 d(m)	$\sum d$(m)						
		(1)	(4)	后	(3)	(8)	(14)	(18)	
		(2)	(5)	前	(6)	(7)	(13)		
		(9)	(10)	后—前	(15)	(16)	(17)		
		(11)	(12)						
校核计算									

实训十八 闭(附)合水准路线成果计算表

日期： 计算： 复核：

点名	距离(测站)	实测高差(m)	改正数	改正高差	高程	备注

实训十九　经纬仪测绘法测绘地形图

一、目的

(1)掌握测绘地形图的方法。

(2)掌握地物、地貌特征点的选择方法。

(3)掌握碎部点的绘制方法、图的整饰等。

二、内容

(1)测定各碎部点的角度、距离和高程。

(2)将各碎部点绘制到导线图上。

三、器械

(1)DJ_6经纬仪1台,小平板1块(带脚架),视距尺2根,铁花杆1根,皮尺(30m)1把,小钢卷尺(2m)1把,量角器1块,记录板1块,计算器。

(2)控制导线图1张,小针1根,自备4H或3H铅笔,橡皮,三角板。

四、方法与步骤

(一)碎部点的选择

碎部点的正确选择,是保证成图质量和提高测图效率的关键。

1. 地物特征点的选择

地物特征点主要是地物轮廓的转折点,如房屋的房角,围墙、电力线的转折点,道路河岸线的转弯点、交叉点,电杆、独立树的中心点等。连接这些特征点,便可得到与实地相似的地物形状。

2. 地貌特征点的选择

地貌特征点应选在最能反映地貌特征的山脊线、山谷线等地形线上,同时考虑平面位置变换处和坡度变换处,如山顶、鞍部、山脊和山谷的地形变换处、山坡倾斜变换处和山脚地形变换的地方。

(二) 测绘方法

经纬仪测绘法就是将经纬仪安置在控制点上,测绘板安置于测站旁,用经纬仪测出碎部点方向与已知方向之间的水平夹角和测站到碎部点的水平距离及碎部点的高程;然后根据测定的水平角和水平距离,用量角器和比例尺将碎部点展绘在图纸上,并在点的右侧注记其高程。然后对照实地连接相应碎部点,按照地形图图式规定的符号绘出地形图。

一个测站上的测绘工作步骤如下:

1. 安置仪器

将经纬仪安置在控制点A上,经对中、整平后,量取仪器高i,并记入碎部测量手簿。后视另一控制点B,调水平度盘读为$0°0'00''$,则AB称为起始方向。

将绘图板安置在测站附近，使图纸上控制边方向与地面上相应控制边方向大致一致。并连接图上相应控制点 a、b，并适当延长 ab 线，则 ab 为图上起始方向线。然后用小针通过量角器圆心的小孔插在 a 点，使量角器圆心固定在 a 点。在测量手簿上记录：测站：A；定向点：B；仪器高：1.42 m；测站高程：207.40 m；指标差 $x=0''$；仪器：DJ_6。经纬仪测示意图如图 19－1 所示。

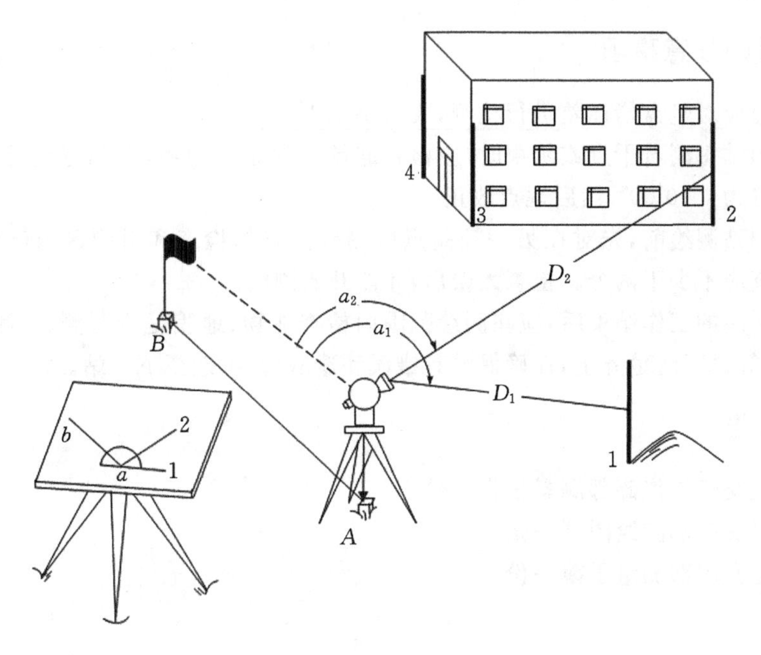

图 19－1　经纬仪测绘法测图

2. **立尺**

在立尺之前，跑尺员应根据实地情况及本测站测量范围，与观测员、绘图员共同商定跑尺路线，然后依次将视距尺或棱镜立在地物、地貌特征点上。

3. **观测**

观测员将经纬仪瞄准 1 点视距尺，读尺间隔 l、中丝读数 v、竖盘读数 L 及水平角 β。同法观测 2，3，…各点。在观测过程中，应随时检查定向点方向，其归零差不应大于 $4'$。否则，应重新定向。

4. **记录与计算**

将观测数据尺间隔 l、中丝读数 v、竖盘读数 L 及水平角 β 逐项记入表中相应栏内。根据观测数据，用视距测量计算公式，计算出水平距离和高程，填入表中相应栏内。在备注栏内注明重要碎部点的名称，如房角、山顶、鞍部等，以便必要时查对和作图。

5. **展点**

转动量角器，将碎部点 1 的水平角角值对准起始方向线 ab，此时量角器上零方向线便是碎部点 1 的方向。然后在零方向线上，按测图比例尺根据所测的水平距离定出 1 点的位置，并在点的右侧注明其高程。用相同方法，将其余各碎部点的平面位置及高程，绘于图上。

6. **绘图**

参照实地情况，随测随绘，按地形图图式规定的符号将地物和等高线绘制出来。在测绘地物、地貌时，必须遵守“看不清不绘”的原则。地形图上的线划、符号和注记一般在现场完成。绘图时要做到点点清、站站清、天天清。

五、精度要求

经纬仪测绘法测绘地形图的角度取到30′，距离取到厘米。

六、碎部测量的注意事项

(1)施测前应对竖盘指标差进行检测，要求小于1′。

(2)每一测站每测若干点或结束时，应检查起始方向是否为零，即归零差是否超限。若超限，需重新安置为0°00′00″，然后逐点改正。

(3)每一测站测绘前，先对在另一控制点所测碎部点的检查和对测区内已测碎部点的检查，碎部点检查应不少于两个。检查无误后，才能开始测绘。

(4)每一测站的工作结束后，应在测绘范围内检查地物、地貌是否漏测、少测，各类地物名称和地理名称等是否清楚齐全，在确保没有错误和遗漏后，可迁至下一站。

七、作业及报告

(1)每人提交经纬仪碎部测量报告一份。

(2)每人提交碎部测绘图纸一张。

(3)每人提交碎部测量手簿一份。

实训十九 碎部测量手簿

日期： 天 气： 组别：

仪器： 观测者： 记录：

测点	尺间隔 l(m)	中丝读数 v(m)	竖盘读数 L	垂直角 α	高差 h(m)	水平角 β	水平距离 D(m)	高程 H(m)	备注
1									
2									

实验二十　全站仪草图法测图

一、目的

(1)掌握全站仪坐标数据采集方法。

(2)掌握全站仪和计算机之间进行数据传输的方法。

(3)掌握所给草图,用 CASS 软件绘图。

二、内容

(1)全站仪坐标测量建站及观测。

(2)坐标数据传输与处理。

(3)CASS 绘图的使用。

三、器械

全站仪 1 台,数据电缆 1 根,脚架 1 个,棱镜杆 2 根,棱镜 2 个,钢卷尺(2m)1 把,自备铅笔。

四、方法及步骤

1.野外数据采集

用全站仪进行数据采集可采用三维坐标测量方式。测量时,应由一人绘制草图。草图上需标注碎部点点号(与仪器中记录的点号对应)及属性。

(1)安置全站仪。对中整平,量取仪器高,检查中心连接螺旋是否旋紧。

(2)打开全站仪电源,并检查仪器是否正常。

(3)建立控制点坐标文件,并输入坐标数据。

(4)建立碎部点文件。操作如下:在全站仪上从内存→工作文件→ENT→选择当前工作文件→ENT →调用→选 A 或 SD 卡→ENT →P1→P2→新建→▼或▲→新建工作文件→ENT→命名新建文件名→ENT,并将新建工作文件设为当前工作文件。

(5)设置测站。选择测站点点号,调用测站点坐标或输入测站点坐标,输入仪器高并记录。

(6)定向和定向检查。

①坐标定向。选择已知后视点点号,调用后视点坐标或输入后视点坐标,严格瞄准后视点确定,完成坐标定向。

②方位角定向。输入测站点到后视点的方位角,严格瞄准后视点确定,完成方位角定向。

③定向检查。选择其他已知点,瞄准测定其坐标,比较测得结果与已知值的差数不超过 1cm 时,完成定向检查。

(7)碎部测量。在碎部点上立棱镜,测定各个碎部点的三维坐标并记录在全站仪内存中,记录时注意棱镜高、点号和编码的正确性。多个棱镜时注意保持各棱镜高一致。

(8)归零检查。每站测量一定数量的碎部点后,应进行归零检查,归零差不得大于 $1'$。

2.数据传输

(1)利用数据传输电缆将全站仪与电脑进行连接。

(2)运行数据传输软件,并设置通讯参数(端口号、波特率、奇偶校验等)。

(3)进行数据传输,并保存到文件中。

(4)进行数据格式转换。将传输到计算机中的数据转换成内业处理软件能够识别的格式。

五、注意事项

(1)在作业前应做好准备工作,将全站仪的电池充足电。

(2)使用全站仪时,应严格遵守操作规程,注意爱护仪器。

(3)外业数据采集后,应及时将全站仪数据导入到计算机中并备份。

(4)用电缆连接全站仪和电脑时,应注意关闭全站仪电源,并注意正确的连接方法。

(5)拔出电缆时,注意关闭全站仪电源,并注意正确的拔出方法。

(6)控制点数据、数据传输和成图软件由指导教师提供。

(7)每个成员应轮流操作,掌握在一个测站上进行外业数据采集的方法。

六、作业及报告

实验结束后将测量实验报告以小组为单位装订成册上交,同时各组提交电子版的原始数据文件和图形文件。

实训二十一　利用水准仪进行设计高程的测设*

一、目的

根据已知点的高程，将设计好的高程准确的测设到地面，并依指导施工。

二、内容

(1)在地面上测设已知高程。

(2)高程传递。

(3)已知坡度线的测设。

三、器械

水准仪 1 台，水准尺 1 对，木桩 2 个，记录夹 1 个。

四、方法与步骤

1. 在地面上测设已知高程

如图 21-1 所示，某建筑物的室内地坪设计高程 $H_{设}$ 附近有一水准点 BM_3，其高程为 $H_{知}$。现在要求把该建筑物的室内地坪高程测设到木桩 A 上，作为施工时控制高程的依据。测设方法如下：

(1)在水准点 BM_3 和木桩 A 之间安置水准仪，在 BM_3 立水准尺上用水准仪的水平视线测得后视读数为 am，此时视线高程为：

$$H_i = H_{知} + a$$

(2)计算 A 点水准尺尺底为室内地坪高程时的前视读数 b：

$$b = H_i - H_{设}$$

(3)上下移动竖立在木桩 A 侧面的水准尺，直至水准仪的水平视线在尺上截取的读数为 b 时，紧靠尺底在木桩上画一水平线，其高程为设计高程。

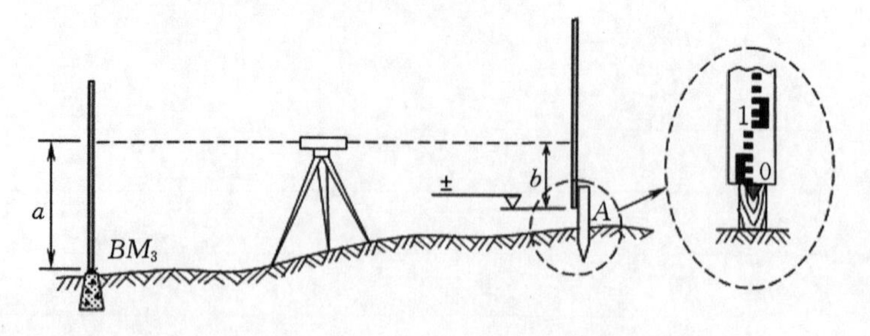

图 21-1　已知高程的测设

* 设计高程的测设，是利用水准测量的方法，根据已知水准点，将设计高程测设到现场作业面上的方法。

2. 高程传递

当向较深的基坑或较高的建筑物上测设已知高程点时，如水准尺长度不够，可利用钢尺向下或向上引测。

如图 21－2 所示，欲在深基坑内设置一点 B，使其高程为 $H_{设}$。地面附近有一水准点 R，其高程为 H_R。测设方法如下：

(1)在基坑一边架设吊杆，杆上吊一根零点向下的钢尺，尺的下端挂上 10kg 的重锤，放入油桶中。

(2)在地面安置一台水准仪，设水准仪在 R 点所立水准尺上读数为 a_1，在钢尺上读数为 b_1。

(3)在坑底安置另一台水准仪，设水准仪在钢尺上读数为 a_2。

(4)计算 B 点水准尺底高程为 $H_{设}$ 时，B 点水准尺的读数应为：

$$b_{应}=(H_R+a_1)-(b_1-a_2)-H_{设}$$

用同样的方法，亦可从低处向高处测设已知高程的点。

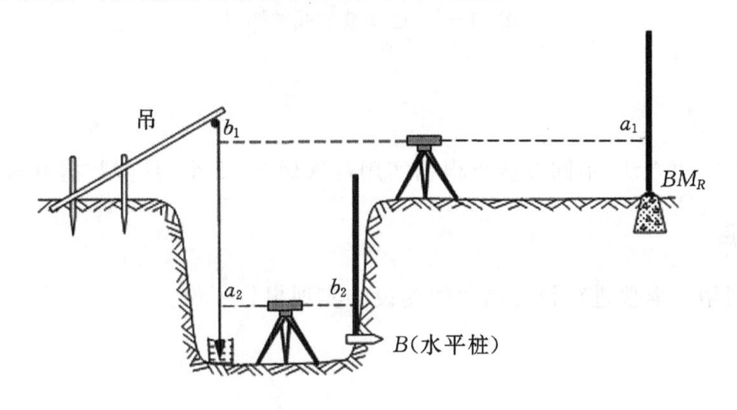

图 21－2　高程传递

3. 已知坡度线的测设

已知坡度线的测设是根据设计坡度和坡度端点的设计高程，用水准测量的方法将坡度线上各点的设计高程标定在地面上。

如图 21－3 所示，A、B 为坡度线的两端点，其水平距离为 D，设 A 点的高程为 H_A，要沿 AB 方向测设一条坡度为 i_{AB} 的坡度线。测设方法如下：

(1)根据 A 点的高程、坡度 i_{AB} 和 A、B 两点间的水平距离 D，计算出 B 点的设计高程 H_B。计算公式为：

$$H_B=H_A+i_{AB}D$$

(2)按测设已知高程的方法，在 B 点处将设计高程 H_B 测设于 B 桩顶上，此时，AB 直线即构成坡度为 i_{AB} 的坡度线。

(3)将水准仪安置在 A 点上，使基座上的一个脚螺旋在 AB 方向线上，其余两个脚螺旋的连线与 AB 方向垂直。量取仪器高度 i，用望远镜瞄准 B 点的水准尺，转动在 AB 方向上的脚螺旋或微倾螺旋，使十字丝中丝对准 B 点水准尺上等于仪器高 i 的读数，此时，仪器的视线与设计坡度线平行。

(4)在 AB 方向线上测设中间点，分别在 1、2、3…处打下木桩，使各木桩上水准尺的读数

均为仪器高 i,这样各桩顶的连线就是欲测设的坡度线。

如果设计坡度较大,超出水准仪脚螺旋所能调节的范围,则可用经纬仪测设,其测设方法相同。

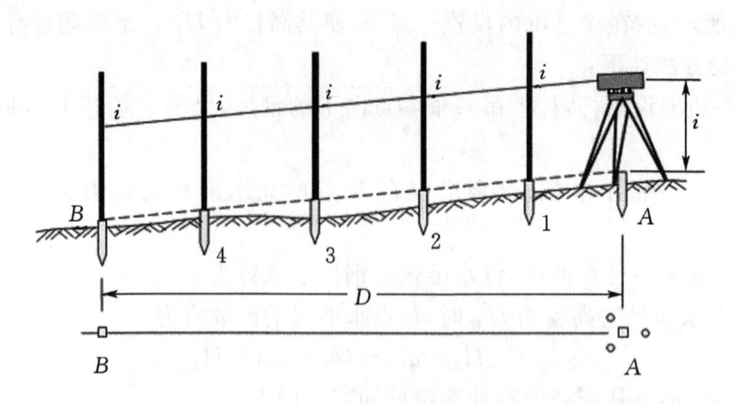

图 21-3　已知坡度线的测设

五、实训要求

以上三种不同的方法,不同专业可根据实用性选做 1～2 个,具体数据可假定。

六、作业及报告

每人提交利用水准仪进行设计高程的测设的实训报告一份。

实训二十二　圆曲线主点的测设

一、目的

(1)学会路线交点转角的测定方法。

(2)掌握圆曲线主点里程的计标方法。

(3)掌握圆曲线主点的测设过程。

二、内容

(1)选择路线导线。

(2)测定路线转角。

(3)计算圆曲线测设元素 L、T、E、D。

(4)计标主点里程(即 BC、MC、EC 的里程)。

(5)进行圆曲线主点测设。

三、器械

经纬仪 1 个,花杆 3 个,木桩 3 个,斧子 1 把,测钎 1 组,钢尺(钢尺或皮尺)1 个,记录板 1 个,铅笔、小刀、计标用纸。

四、方法与步骤

(一)圆曲线主点

圆曲线主点包括:曲线起点,称直圆点 ZY(曲起点);曲线中点,称曲中点 QZ;曲线终点,称圆直点 YZ(曲终点)。如图 22－1 所示。

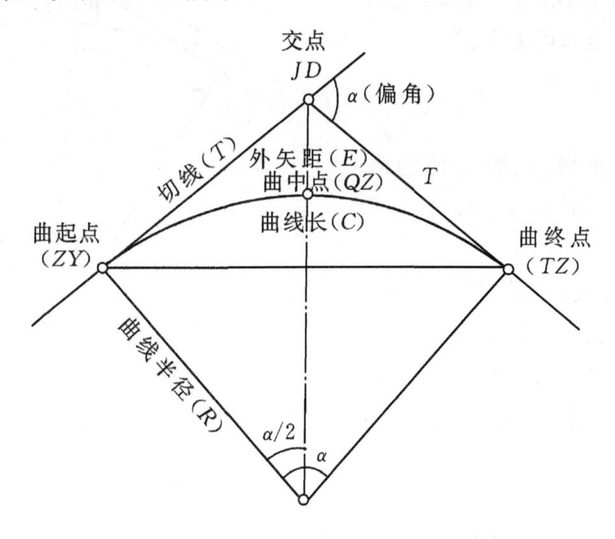

图 22－1　圆曲线主点

(二)圆曲线测设要素计算

若 α(可根据所测线路的转折角(右角或左角))已经算得、R(圆曲线半径)已知,则

(1)切线长:$T=R\cdot\tan\frac{\alpha}{2}$;

(2)曲线长:$L=R\cdot a^\circ\frac{\pi}{180^\circ}$;

(3)外矢距:$E=R(\sec\frac{\alpha}{2}-1)$;

(4)切曲差(超距):$D=2T-L$。

(三)主点的测设方法

(1)平坦地区定出路线导线的三个交点(I、JD、II),如图 22-2 所示,并在所选点上用木桩标定其位置,导线边要大于 80m,目估 $\beta_{右}<145^\circ$。

(2)在交点 JD 上安置经纬仪,用测回法观测 $\beta_{右}$,并且计算出转角 α。

(3)定圆曲线半径 $R=100$m,然后根据 R 和 $\alpha_{右}$,计算出曲线测设元素 T、L、E、D。

(4)算圆曲线主点的里程(假定 JD 的里程已知为(4+345.69))。

(5)圆曲线主点的测设。

①在交点 JD 安置经纬仪,如图 22-2 所示,以望远镜瞄准Ⅰ直线方向上的一个转点,沿该方向量切线长 T,得 ZY 点。

②再以望远镜瞄准Ⅱ直线上的一个转点,沿该方向量切线长 T,得 YZ 点。

③平转望远镜,用盘左盘右分中法得内分角线方向($180^\circ-\alpha/2$),在该方向上量 E_0,得 QZ 点。这三个主点规定用方桩加钉小钉标志点位。

(6)站在曲线内侧观察 ZY、QZ、YZ 桩是否有圆曲线的线型,以作为概略检核。

(7)交换工种后再重复(5)的步骤,看两次设置的主点位置是否重合,如果不重合,而且相差太大,那就需要查找原因,重新测设;如在容许范围内,则点位即可确定。

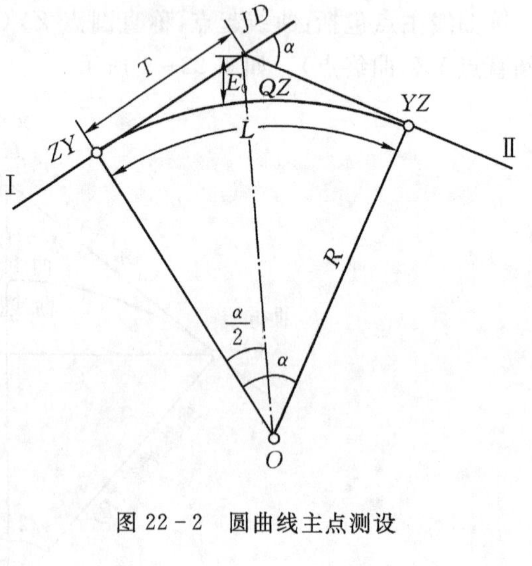

图 22-2 圆曲线主点测设

五、注意事项

(1)使实习直观便利,克服场地的限制,本次实习规定 $30^\circ<\alpha_{右}<40^\circ$,$R=100$m。

(2)以 R、α 为引数,计算主点里程。两人独立计算,加强校核,以防算错。

(3)本次实习事项较多,小组人员要紧密配合,保证实习顺利完成。

六、作业及报告

每人提交圆曲线主点测设的实训报告一份。

实训二十三 RTK接收机的基本操作

一、目的

(1)掌握RTK的原理及组成。

(2)熟悉一种接收机的坐标测量方法。

二、内容

(1)RTK的组成及功能。

(2)进行坐标测量。

三、器械

RTK接收机1套(1+1),木桩2个,记录夹1个。

四、方法与步骤

1. RTK的组成

RTK的组成,如图23-1所示 。

(1)基准站。基准站由GPS接收机、接收天线、无线电数据链电台及发射天线、直流电源组成。

(2)流动站。流动站由GPS接收机、卫星接收天线、无线电数据链接收机及天线、电子手簿控制器组成。

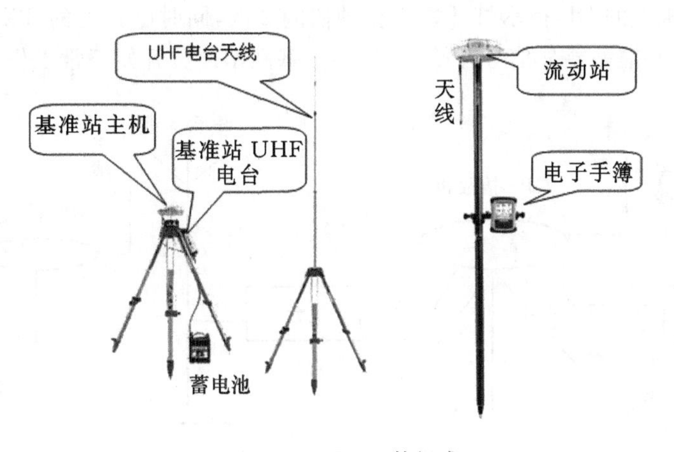

图23-1 RTK的组成

2. RTK的工作原理

当GPS卫星在用户视界升起时,接收机能够捕获到按一不定期卫星高度截止角所选择的待测卫星,并能够跟踪这些卫星的运行;对所接收到的GPS信号,具有变换、放大和处理的功能,以便测量出GPS信号从卫星到接收天线的传播时间,解译出GPS卫星所发送的导航电文,实时地计算出测站的三维位置,甚至三维速度和时间。通过一系列复杂的运算,计算出三个以上卫星同一时间到达接收机的距离,通过距离后方交绘,确定接收机的准确位置,接收的卫星越多,则定位越准。如图 23-2 所示。

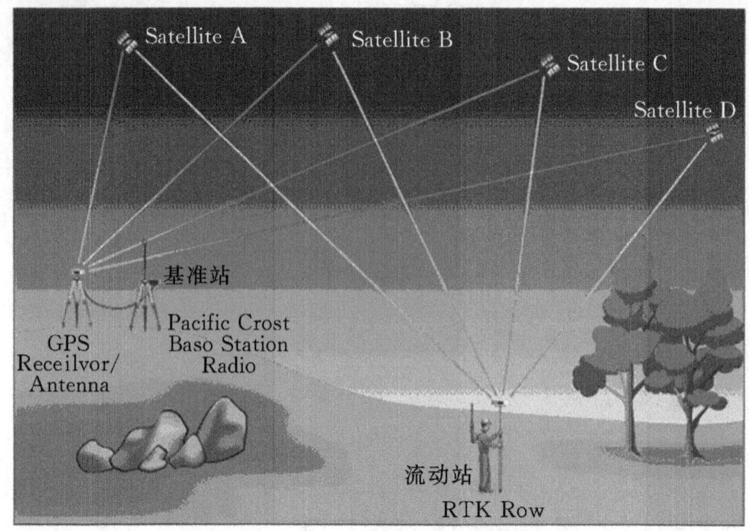

图 23-2　RTK 的工作原理

3. RTK 的操作方法

(1)架设基准站。

①架好脚架于已知点上,对中、整平。对于任意架站,选择环境相对空旷、地势相对较高且周围没有干扰的地方架设。发射天线最好远离基准站主机 3 米以上。

②接好电源线和发射天线电缆。注意电源的正负极正确(红正黑负)。如图 23-3 所示。

③打开主机和电台,主机开始自动初始化和搜索卫星,当卫星数和卫星质量达到要求后(大约 1 分钟),主机上的 DL 指示灯开始 5 秒钟快闪 2 次,同时电台上的 TX 指示灯开始每秒钟闪 1 次。这表明基准站差分信号开始发射,整个基准站部分开始正常工作。

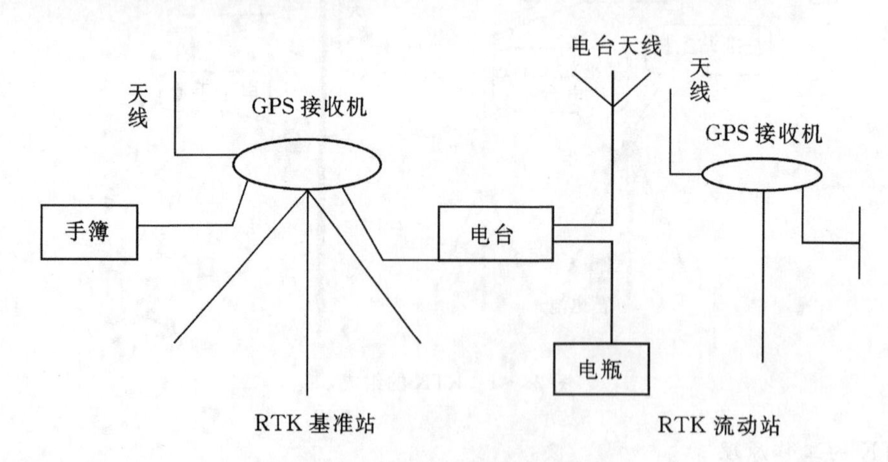

图 23-3　RTK 测量示意图

(2)加设移动。

①将移动站主机接在碳纤对中杆上,并将接收天线接在主机顶部,同时将手簿夹在对中杆的适合位置。

②打开主机,主机开始自动初始化和搜索卫星,当达到一定的条件后,主机上的 DL 指示

灯开始1秒钟闪1次(必须在基准站正常发射差分信号的前提下),表明已经收到基准站差分信号。

③打开手簿,启动工程之星软件。工程之星快捷方式一般在手簿的桌面上,如手簿冷启动后,则桌面上的快捷方式消失,这时必须在Flashdisk中启动原文件(我的电脑→Flashdisk→SETUP→ERTKPro2.0.exe)。

④启动软件后,软件一般会自动通过蓝牙和主机连通。如果没连通,则首先需要进行设置蓝牙(工具→连接仪器→选中“输入端口:7”→点击“连接”)。

⑤软件在和主机连通后,软件首先会让移动站主机自动去匹配基准站发射时使用的通道。如果自动搜频成功,则软件主界面左上角会有信号在闪动。如果自动搜频不成功,则需要进行电台设置(工具→电台设置→在“切换通道号”后选择与基准站电台相同的通道→点击“切换”)。

⑥在确保蓝牙连通和收到差分信号后,开始新建工程(工程→新建工程),依次按要求填写或选取如下工程信息:工程名称、椭球系名称、投影参数设置、四参数设置、七参数设置和高程拟合参数设置,最后确定,工程新建完毕。

⑦进行校正。利用控制点坐标库(设置→控制点坐标库)求四参数。在控制点坐标库界面中点击“增加”,根据提示依次增加控制点的已知坐标和原始坐标,一般至少2个控制点,当所有的控制点都输入且查看确定无误后,单击“保存”,选择参数文件的保存路径并输入文件名,建议将参数文件保存在当前工程文件名“result”文件夹里面,保存的文件名称以当天的日期命名。完成之后单击“确定”。然后单击“保存成功”小界面右上角的“OK”,此时四参数已经计算并保存完毕。

⑧将对中杆对立在需测的点上,当状态达到固定解时,利用快捷键“A”开始保存数据。

(3)数据处理与输出。

外业测量结束后,将电子手薄与电脑相连,导出数据,经绘图处理,就可输出打印。

五、作业及报告

每人提交RTK实训报告一份。

第三部分

一周综合实习

实训二十四　测量综合实习

一、总 则

测量综合实习是该课程教学的重要组成部分，是巩固和深化课堂所学知识的必要环节。通过实习培养学生理论联系实际、分析问题与解决问题的能力以及实际动手能力，使学生具有严格认真的科学态度、实事求是的工作作风、吃苦耐劳的劳动态度以及团结协作的集体观念。同时，也使学生在业务组织能力和实际工作能力方面得到锻炼，为今后从事测绘工作打下良好基础。

(一)实习计划

测量综合实习分为控制测量实习和数字测图实习两部分，集中在第三学期课堂教学结束后进行，时间为一周。

(二)实习组织

实习组织工作由课程主讲教师全面负责，每班配备2名教师担任实习指导工作。每班分为若干个实习小组，每组8～10人，设组长1人，每大组分为导线测量和高程测量两个小组，设2名副组长负责小组实习。实行组长负责制，组长负责全组的实习分工和仪器管理。班、团干部协助组长工作。

(三)注意事项

(1)实习中，学生应遵守“仪器及工具借用制度”“测量仪器及工具的正确使用和维护”“仪器损坏、丢失赔偿制度”的有关规定。

(2)实习期间，各组组长应切实负责，合理安排小组工作。应使每一项工作都由小组成员轮流担任，使每人都有练习的机会，切不可单纯追求实习进度。

(3)实习中，应加强团结。小组内、各组之间、各班级之间都应团结协作，以保证实习任务的顺利完成。

(4)实习期间，要特别注意仪器的安全。各组要指定专人妥善保管。每天出工和收工都要按仪器清单清点仪器和工具数量，检查仪器和工具是否完好无损。发现问题要及时向指导教师报告。

(5)观测员将仪器安置在脚架上时，一定要拧紧连接螺旋和脚架制紧螺旋，并由记录员复查。否则，由此产生的仪器事故，由两人分担责任。在安置仪器时，特别是在对中、整平后和搬站前，一定要检查仪器与脚架的中心连接螺旋是否拧紧。观测员必须始终守护在仪器旁，注意过往行人、车辆，防止仪器摔倒。若发生仪器事故，要及时向指导教师报告，不得私自拆卸仪器，以免造成更大的损失。

(6)使用全站仪时，要在熟悉仪器使用技能的基础上操作，不熟悉时，必须在老师的指导下进行。要防日晒、防雨淋、防碰撞震动，切不可将全站仪望远镜对准太阳，以免损坏光电元件。镜站必须有人看管，以保证棱镜的安全和正确的安置。

(7)观测数据必须直接记录在规定的手簿中，不得用其他纸张记录再行转抄。严禁擦拭、涂改数据，严禁伪造成果。在完成一项测量工作后，要及时计算、整理有关资料并妥善保管好记录手簿和计算成果。

(8)严格遵守实习纪律。在测站上，不得嬉戏打闹，不看与实习无关的书籍或报纸。未经指导教师同意，不得缺勤，不得私自外出或游玩，否则后果自负。

(四)编写实习报告

实习将要结束前，学生每人编写一份实习报告。编写格式和内容如下：

(1)封面：实习名称、地点、起止日期、班级、组号、姓名、学号和指导教师姓名。

(2)前言：简述本次实习的目的、任务及要求。

(3)实习内容：实习项目、测区概况、作业方法、技术要求、相关示意图(如导线略图)、实习成果及评价。

(4)实习总结：主要介绍实习中遇到的技术问题及处理方法，对实习的意见和建议，本人在实习中主要做了哪些工作及在实习中的收获。全文字数不得少于2000字。

(五)实习成绩评定方法

(1)实习成绩按百分制记载。

(2)评定学生实习成绩主要依据以下四项：

①实习期间的表现。主要包括：出勤率、实习态度、是否遵守学校及本次实习所规定的各项纪律、爱护仪器工具的情况。

②操作技能。进行仪器操作考核，考核内容由指导教师自行确定，考试形式为现场单人单考，根据学生对理论知识的掌握程度、使用仪器的熟练程度、操作是否规范以及测量结果准确程度给出成绩。考核成绩作为评定学生实习成绩的重要依据。

③手簿、计算成果和成图质量。主要包括：手簿和各种计算表格是否完好无损，书写是否工整清晰，手簿有无擦拭、涂改，数据计算是否正确；各项较差、闭合差是否在规定范围内；地形图上各类地形要素的精度及表示是否符合要求，文字说明注记是否规范等。

④实习报告。主要包括：实习报告的编写格式和内容是否符合要求，编写水平，分析问题、解决问题的能力及有无独特见解等。

指导教师应按照以上四项所规定的内容，评定每个学生的实习成绩。

(3)学生如有以下情况时，指导教师还可以视情况严重程度给予处理：

①实习中不论何种原因，发生摔损仪器事故，其主要责任人的实习成绩为0分，同组成员连带一定责任者应适当降低成绩。

②实习中凡违反实习纪律，缺勤天数超过实习天数的三分之一；实习中发生打架事件；私自离校回家；未交成果资料和实习报告等，成绩均记为0分。

(六)实习内容及时间安排(一周)

实习内容及时间安排见表 24-1。

表 24-1　实习内容及时间安排

实习内容	时间安排	备　注
实习讲解、仪器准备及踏勘选点	0.5 天	做好准备工作(表格、用具等)
控制测量	2 天	图根导线、水准测量、计算及平差
碎部测量	1.5 天	每组测 5～7 个控制点周围碎部图
CASS 成图软件绘图练习	1 天	利用所测碎部坐标绘图
放样	0.5 天	设计一建筑物,求出坐标,放样出建筑物在地面的准确位置
参观实习	0.5	联系测绘公司或建筑工地了解测量应用动态
实践技能考试	0.5	经纬仪、全站仪、水准仪操作技能
写实习报告	0.5	每人根据实习,写出实习报告

二、测量实习内容

(一)实习目的

(1)熟练掌握常用测量仪器(水准仪、经纬仪、全站仪)的使用。

(2)掌握导线测量、三角高程测量和三、四等水准测量的观测和计算方法。

(3)了解数字测图的基本要求和成图过程。

(4)掌握小地区大比例尺数字测图方法和数字成图软件的使用。

(二)实习任务

(1)平面控制测量:在测区选 5～8 个点组成闭合导线,建立平面控制网,测量、计算坐标,绘制导线图。

(2)高程控制测量:各小组以平面控制网为高程控制网,用四等水准测量或全站仪三角高程测量方法,测出闭合水准路线各控制点的高程,作为碎部测量的依据。

(3)碎部测量:以控制点为基础,用全站仪草图法测定碎部点,利用 CASS 成图软件绘出平面图或地形图。比例尺为 1/500 或 1/1000。

(4)放样测量:在绘制的平面图上自行设计一建筑物,求出坐标,用坐标放样的方法,放样出建筑物在地面的准确位置。

(三)仪器及工具

每组配备的仪器用具:全站仪 1 台、水准仪 1 台、水准尺 1 副、钢尺 1 个、记录夹 1 个、绘图板 1 个、量角器 1 个、三角板 1 副、桩钉若干、坐标纸 30 张、计算器 1 个。橡皮及铅笔等自备。

(四)操作步骤

1. 图根控制测量

(1)平面控制测量。

在测区内进行踏勘、设计、选点,宜在高级点间布设附合导线或闭合导线,一般设为闭合导线，当测区内无高级控制点时，应与测区外已知点连测，或假定一点坐标及一边坐标方位角作为起算数据。

图根控制点应选在土质坚实、便于长期保存的地方，要方便安置仪器、通视良好、便于测角和测距、视野开阔、便于施测碎部的地方，要避免选在道路中间。

图根点选定后，应立即打上桩顶，作为标志，并用油漆在地上画“⊕”作为标志并编号。

图根导线测量的技术要求应符合表 24-2 的规定。

表 24-2　图根导线测量的技术要求

比例尺	导线长度(m)	平均边长(m)	导线相对闭合差	测回数 DJ_6	方位角闭合差
1∶500	900	80	≤ 1/4000	1	$\leqslant \pm 40''\sqrt{n}$

注意：n 为测站数。测距：单程观测 1 测回，读数较差≤10mm。

图根导线可采用近似平差，计算方法可参照实训十七《控制导线测量》进行。计算时角值取至秒，边长和坐标取至厘米。

(2)高程控制测量。

图根点高程用四等水准或图根光电测距三角高程测量方法测定。图根三角高程导线应起闭于高等级高程控制点上，可沿图根点布设为附合路线或闭合路线。

当测区内无已知水准点时，可与测区附近已知水准点进行高程连测。也可假定一点高程，成为独立高程系统。

图根光电测距三角高程测量的技术要求应符合表 24-3 的规定。测距要求同图根导线。

表 24-3　图根光电测距三角高程测量的技术要求

中丝法测回数 DJ_6	竖角较差、指标差较差	对向观测 高差较差(m)	附和路线或环线 高差闭合差(mm)
对向观测 1	≤ 25″	$\leqslant 0.4 \times S$	$\leqslant \pm 40\sqrt{[D]}$

注意：S 为改正后的斜距(km)，D 为测距边边长(km)。仪器高和棱镜中心高应准确量至毫米。

计算三角高程时，角度应取至秒，高差应取至厘米。

2. 碎部测量

(1)准备工作。

将控制点、图根点平面坐标和高程值抄录在成果表上备用。每日施测前，应对数据采集软件进行试运行检查，对输入的控制点成果数据需显示检查。

(2)数据采集方法及要求。

实习采用全站仪草图数字测图方法。成图软件采用南方 CASS 成图软件完成，碎部点坐标测量采用全站仪坐标法，也可采用量距法和交会法等，碎部点高程采用三角高程测量。

设站时，仪器对中误差不应大于 5 mm，照准一图根点作为起始方向，观测另一图根点作为检核，算得检核点的平面位置误差不应大于图上 0.2mm。检查另一图根点高程，其较差不应大于 0.1m。每站测图过程中，应经常归零检查，归零差不应大于 4′。仪器高和棱镜中心高应量记至毫米。

采集数据时，角度应读记至秒，距离应读记至毫米。测距最大长度为 300m。高程注记点应分布均匀，间距为 15m，平坦及地形简单地区可放宽至 1.5 倍。高程注记点应注至厘米。

地形较复杂的地方，应在采集数据的现场，实时绘制草图。

每天工作结束后，应及时对采集的数据进行检查。草图绘制点号一定要与仪器点号相同，对错漏数据要及时补测,超限的数据应重测。数据文件应及时存盘并备份。

(3)测量内容及取舍。

测量控制点是测绘地形图的主要依据,在图上应精确表示。

房屋的轮廓应以墙基外角为准,并按建筑材料和性质分类,注记层数。房屋应逐个表示,临时性房屋可舍去。

建筑物和围墙轮廓凸凹在图上小于 0.4mm ,简单房屋小于 0.6mm 时,可用直线连接。

校园内道路应将车行道、人行道按实际位置测绘。其他道路按内部道路绘出。

沿道路两侧排列的以及其他成行的树木均用“行树”符号表示,符号间距视具体情况可放大或缩小。

电线杆位置应实测,可不连线,但应绘出电线连线方向。

架空的、地面上的管道均应实测,并注记传输物质的名称。地下管线检修井、消防栓应测绘表示。

沟渠在图上宽度小于 1mm 的用单线表示并注明流向。

斜坡在图上投影宽度小于 2mm 用陡坎符号表示。当坡、坎比高小于 0.25m 或在图上长度小于 5mm 时,可不表示。

各项地理名称注记位置应适当,无遗漏。居民地、道路、单位名称和房屋栋号应正确注记。

其他地物参照“规范”和“图式”合理取舍。

3.数字地形图编辑和输出

对外业采集的数据导入计算机进行数据处理,并在人机交互方式下进行地形图编辑,生成数字地形图图形文件。在绘图仪上输出 1∶500 地形图。

(1)全站仪上的操作。

将全站仪与电脑连接,打开全站仪,从内存→工作文件→当前工作文件→调用→A(本地盘)或 SD 卡→确定→按▲或▼选择存放文件→工作文件→发送文件数据(检查文件是否正确)→确定→屏显正在初始化……,正在发送。

(2)计算机上的操作。

①数据导入。从开始→程序→KOLTDA(科力达)→KTS 传输→在 USB 通讯→下传 KTS400－500 数据,则数据被导入。如图 24－1 所示。

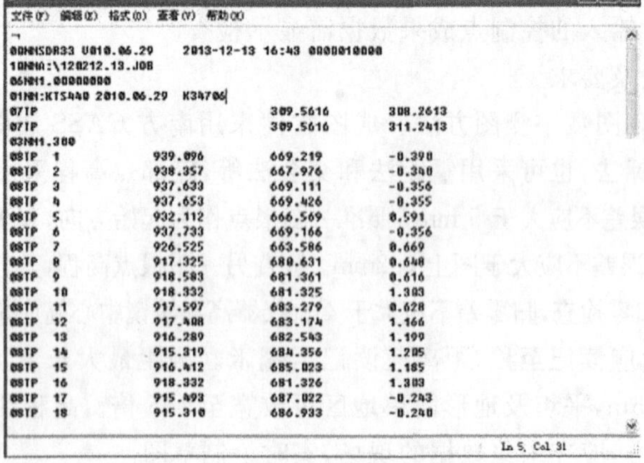

```
0211.dat - 记事本
文件(F) 编辑(E) 格式(O) 查看(V) 帮助(H)

00NMSDR33 V010.06.29    2013-12-13 16:43 0000010000
10NMA:\120212.13.JOB
06NM1.00000000
01NM:KTS440 2010.06.29  K34706
07TP                          309.5616      308.2613
07TP                          309.5616      311.2413
03NM1.300
08TP  1       939.096         669.219       -0.390
08TP  2       938.357         667.976       -0.340
08TP  3       937.633         669.111       -0.356
08TP  4       937.653         669.426       -0.355
08TP  5       932.112         666.569       0.591
08TP  6       937.733         669.166       -0.356
08TP  7       926.525         663.586       0.669
08TP  8       917.325         680.631       0.640
08TP  9       918.583         681.361       0.616
08TP  10      918.332         681.325       1.303
08TP  11      917.597         683.279       0.628
08TP  12      917.408         683.174       1.166
08TP  13      916.289         682.543       1.199
08TP  14      915.319         684.356       1.205
08TP  15      916.412         685.023       1.185
08TP  16      918.332         681.326       1.303
08TP  17      915.493         687.022       -0.243
08TP  18      915.310         686.933       -0.240
                                          Ln 5, Col 31
```

图 24－1　全站仪上传初始数据图

②数据处理。将导入的数据另存为→桌面(或新建文件夹)→起名→保存→打开保存文件→重命名(·dat 转换为软件可认识的文件)。如图 24-2 所示。

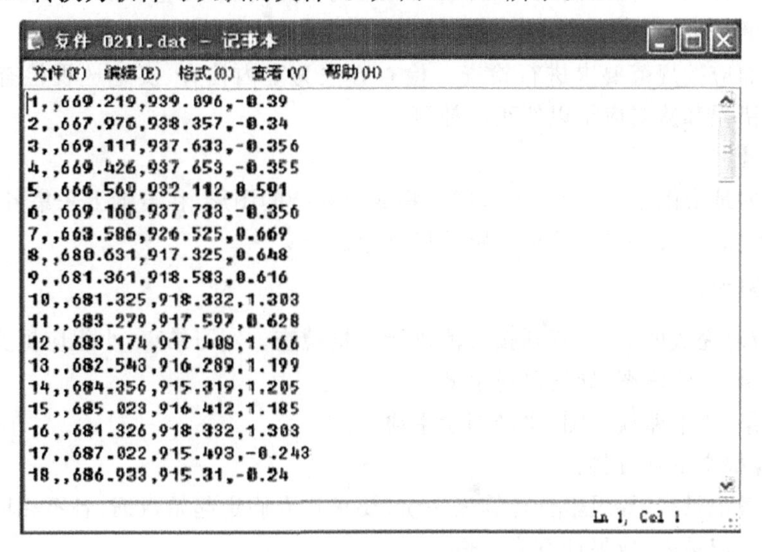

图 24-2　经处理后的数据

(3)CASS 成图软件完成地形图编辑。

打开 CASS→绘图处理→展野外测点点号→在命令栏输入选定的比例尺分母→确定→找到处理好的文件打开,则在软件上展出野外测点。如图 24-3 所示。

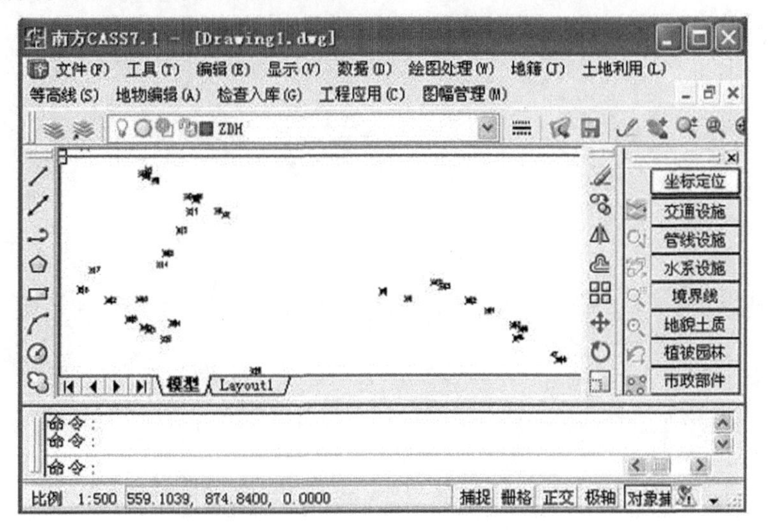

图 24-3　CASS 软件展野外点图

(4) 地形图的输出。

在 CASS 软件上,根据绘制的草图,绘出各地物及等高线,经整饰后即可打印输出。

4. 成图质量检查

对成图图面应按规范要求进行检查。检查方法为室内检查、实地巡视检查及设站检查。检查中发现的错误和遗漏应予以纠正和补测。

5. 放样测量

在绘制好的地形图上,设计一矩形建筑物或更复杂的图形,在电脑上采集各点的坐标并记录,在实际用坐标放样的方法,将建筑物铺设到地面上。

(五)作业及报告

(1)各组应对完成的成果、资料按规范进行严格检查。实习结束,小组应提交以下资料:

①导线测量:导线略图、导线测量手簿。

②水准测量:水准路线略图、水准测量手簿。

(2)个人应提交下列资料:

①导线测量记录表、导线坐标计算表一份(要求每人假定起始数据,各不相同)。

②水准测量记录表、成果计算表一份。

③实习报告一份。

实训二十四 经纬仪导线角度测量记录表

日 期： 天 气： 组 别：

仪 器： 观测者： 记录者：

测站	竖盘位置	测点	水平度盘读数	半测回角值	一测回角值	各测回平均值

实训二十四　全站仪导线测量观测记录表

日　期：　　　　　　天　气：　　　　　　组　别：

仪　器：　　　　　　观测者：　　　　　　记录者：

测站	目标	竖盘位置	水平角	平均角度	水平距离	高差	目标	平均距离	平均高差	备注
		左								
		右								
		左								
		右								
		左								
		右								
		左								
		右								
		左								
		右								
		左								
		右								
		左								
		右								

实训二十四　闭(附)合导线坐标计算表

点号	观测角（左角）	改正数 ″	改正角	坐标方位角 α	距离 D (m)	增量计算值		坐标改正数		改正后增量		坐标值	
						Δx(m)	Δy(m)	$V_{\Delta x}$	$V_{\Delta y}$	Δx(m)	Δy(m)	x(m)	y(m)
1	2	3	4=2+3	5	6	7	8	9	10	11	12	13	14
辅助计算													

实训二十四　四等水准测量观测记录表

日期：　　　　　　　　　　天　气：　　　　　　　　　　组别：

仪器：　　　　　　　　　　观测者：　　　　　　　　　　记录：

测站编号	测点编号	后尺	前尺	方向及尺号	标尺读数(m)		K加黑减红(mm)	高差中数(m)	备　注
		下丝	下丝		黑面	红面			
		上丝	上丝						
		后距	前距						
		视距差 d(m)	$\sum d$(m)						
		(1)	(4)	后	(3)	(8)	(14)	(18)	
		(2)	(5)	前	(6)	(7)	(13)		
		(9)	(10)	后—前	(15)	(16)	(17)		
		(11)	(12)						
校核计算									

实训二十四 闭(附)合水准路线成果计算表

日期： 计算： 复核：

点名	距离(测站)	实测高差(m)	改正数	改正高差	高程	备注
校核计算					草图	

实训二十四　碎部测量手簿

日期：　　　　　　　　　天　气：　　　　　　　　　组别：

仪器：　　　　　　　　　观测者：　　　　　　　　　记录：

测点	尺间隔 l(m)	中丝读数 v(m)	竖盘读数 L	垂直角 α	高差 h(m)	水平角 β	水平距离 D(m)	高程 H(m)	备注
1									
2									

实训二十四 全站仪测量草图

全站仪测量草图：

参考文献

[1] 覃辉,伍鑫.土木工程测量[M].4 版.上海:同济大学出版社,2013.

[2] 刘星,吴斌.工程测量学[M].重庆:重庆大学出版社,2004.

[3] 南京工业大学测绘工程教研室.测量学[M].北京:国防工业出版社,2007.

[4] 陈丽华.测量学[M].杭州:浙江大学出版社,2009.

[5] 王慧麟.测量与地图学[M].南京:南京大学出版社,2004.

[6] 中华人民共和国国家质量监督检验检疫总局和国家标准化管理委员会. 国家三、四等水准测量规范 (GB/T12898－2009)[S]. 北京:中国标准出版社,2009.

图书在版编目(CIP)数据

工程测量实训指导/闫玉厚主编. —西安:西安交通大学出版社,2015.11(2022.1重印)
ISBN 978-7-5605-7248-2

Ⅰ.①工… Ⅱ.①闫… Ⅲ.①工程测量-高等学校-教学参考资料 Ⅳ.①TB22

中国版本图书馆CIP数据核字(2015)第276297号

书　　名 工程测量实训指导
主　　编 闫玉厚
责任编辑 王建洪

出版发行 西安交通大学出版社
(西安市兴庆南路1号　邮政编码710048)
网　　址 http://www.xjtupress.com
电　　话 (029)82668357　82667874(发行中心)
(029)82668315(总编办)
传　　真 (029)82668280
印　　刷 西安日报社印务中心

开　　本 787mm×1092mm　1/16　**印张** 8.125　**字数** 191千字
版次印次 2016年1月第1版　2022年1月第2次印刷
书　　号 ISBN 978-7-5605-7248-2
定　　价 22.80元

读者购书、书店添货,如发现印装质量问题,请与本社发行中心联系、调换。
订购热线:(029)82665248　(029)82665249
投稿热线:(029)82668133
读者信箱:xj_rwjg@126.com